柑橘园

柑橘丰产状

香蕉园

香蕉果穗

荔枝结果状

荔枝丰产状

龙眼丰产状

龙眼果穗

菠萝园

菠萝结果状

杜果结果状

杜果丰产果穗

火龙果结果状

火龙果开花状

番木瓜结果状

番木瓜丰产状

椰子的园林效果

椰子结果状

丘陵山地茶园

丰产茶园

油茶开花状

油茶果实收获

甘蔗生产状

甘蔗机械化采收

橡胶园

割胶

木薯园

木薯块根

槟榔园整齐放花

槟榔谢花挂果状

胡椒生产状（左）与结果状（右）

咖啡开花状（上）与结果状（下）

新时代乡村振兴丛书

刘海林　程世敏　陈金雄◎主编

南方特色经济作物
关键栽培技术

SPM
南方传媒 | 广东科技出版社
全国优秀出版社

· 广 州 ·

图书在版编目（CIP）数据

南方特色经济作物关键栽培技术 / 刘海林，程世敏，陈金雄
主编. —广州：广东科技出版社，2023.7
（新时代乡村振兴丛书）
ISBN 978-7-5359-7960-5

Ⅰ.①南… Ⅱ.①刘… ②程… ③陈… Ⅲ.①经济作物—栽
培技术 Ⅳ.①S56

中国版本图书馆CIP数据核字（2022）第182199号

南方特色经济作物关键栽培技术
Nanfang Tese Jingji Zuowu Guanjian Zaipei Jishu

出 版 人：严奉强
责任编辑：尉义明 于 焦
封面设计：柳国雄
责任校对：陈 静
责任印制：彭海波
出版发行：广东科技出版社
　　　　　（广州市环市东路水荫路11号 邮政编码：510075）
销售热线：020-37607413
https://www.gdstp.com.cn
E-mail：gdkjbw@nfcb.com.cn
经　　销：广东新华发行集团股份有限公司
排　　版：创溢文化
印　　刷：广州市彩源印刷有限公司
　　　　　（广州市黄埔区百合三路8号 邮政编码：510700）
规　　格：889 mm × 1 194 mm 1/32 印张6.75 插页8 字数210千
版　　次：2023年7月第1版
　　　　　2023年7月第1次印刷
定　　价：30.00元

如发现因印装质量问题影响阅读，请与广东科技出版社印制室
联系调换（电话：020-37607272）。

《南方特色经济作物关键栽培技术》
编委会

主　编：刘海林　中国热带农业科学院橡胶研究所

　　　　程世敏　中国热带农业科学院热带作物品种资源研究所

　　　　陈金雄　昌江黎族自治县农业技术推广服务中心

副主编：杨红竹　中国热带农业科学院橡胶研究所

　　　　曹　明　三亚市农业技术推广服务中心

　　　　王学萍　临高县热作水果技术服务中心

参　编：（按姓氏音序排列）

　　　　陈仕迁　黄丽娜　黄艳艳　雷　菲

　　　　林家贵　蒲运锋　魏军亚　魏守兴

　　　　吴　霞　邢维胜　赵增贤

　　我国南方地区光、温、水、热资源丰富，为植物生长创造了有利条件，是全国生物生产量最高的地区，其农业生产和经济发展潜力巨大，也是我国重要的经济作物生产基地。随着我国农业和科学技术的不断发展，南方地区特色经济作物种植规模不断扩大，经济效益也在不断增加，为我国居民生活品质的提升和国民经济发展做出了重要贡献。虽然南方地区气候和水热条件优越，但也存在诸多不利的因素，如南方地区土壤普遍贫瘠、酸性强、土质黏重，降水分配不均，干湿季节明显，沿海常有寒潮及台风侵袭，高温高湿易加重病虫危害程度等，加之经济作物通常具有地域性强、对自然条件要求较严格等特点，增加了南方地区特色经济作物栽培的技术难度。因此，根据环境条件和作物特性，采用相适宜的关键栽培技术对于保障南方地区经济作物的优质、高产具有重要意义。

　　我国人工栽培的经济作物种类繁多，随着社会的发展，南方地区栽培的经济作物种类也在不断增加。本书共筛选17种在我国南方地区栽培面积较大的特色经济作物进行介绍，包括柑橘、香蕉、荔枝、龙眼、杧果、菠萝、火龙果、番木瓜、椰子、茶树、油茶、甘蔗、橡胶、木薯、槟榔、胡椒、咖啡。为了普及和推广南方地区特色经济作物关键栽培技术，满足广大生产者对南方地区特色经济作物关键栽培技术的需求，本书联系实际，详细介绍了南方自然条件与特色经济作物概况、作物营养与施肥原理、作物病虫害与农药使用知识，以及经济作物种苗与栽植技术、营养特性与施肥技术、整形修剪与花果管理技术、病虫害识别与防治技术等方面的内容，以供广大读者借鉴。

1

　　希望本书能够帮助生产者解决南方地区特色经济作物实际生产问题，对南方地区特色经济作物生产者具有一定参考和实用价值。由于南方地区范围广，南方特色经济作物种类多，种质资源丰富，希望读者可以结合当地实际情况，灵活参考应用。另外，由于笔者的学术和业务水平有限，编写的作物种类较多，且时间仓促，编写过程中难免存在错误或疏漏，敬请广大读者给予批评指正。

编　者

2023年2月

目录

Mulu

第一章　南方特色经济作物概况

我国南方地区主要是指北纬34°以南直至南海诸岛的广大亚热带、热带地区，位于秦岭-淮河以南，青藏高原以东，东部和南部濒临东海和南海，包括长江中下游（湖北、湖南、安徽、江西、江苏、浙江、上海）、南部沿海（福建、广东、广西、海南、香港、澳门、台湾）、西南（四川、云南、贵州、重庆）及陕西、甘肃、河南小部分地区，面积约占全国陆域面积的25%。

我国南方地区气候湿润，水热资源丰富，地形多为平原、盆地与高原，河湖众多、水网纵横，为植物生长创造了有利条件，是全国生物生产量最高的地区，农业生产和经济发展潜力巨大，在我国农业生产中有着重要地位。该地区是我国水稻、糖料、油料等作物的重要生产基地，其稻谷播种面积占全国稻谷播种面积的80%以上，在不足全国耕地总面积30%的土地上，提供了全国50%的粮食量和农业产值，并承载了全国55%以上的人口。另外，该地区也是我国亚热带、热带经济林果生产基地，建有天然橡胶生产保护区，柑橘、茶、油茶、甘蔗广泛种植，还出产许多特色热带水果（香蕉、菠萝、龙眼、荔枝、杧果、木瓜、椰子、火龙果等）和高经济价值作物（木薯、槟榔、胡椒、咖啡等）。本章将简述与我国南方地区土壤形成密切相关的自然条件及土壤类型、土壤肥力特性。

南方特色经济作物关键栽培技术

一、主要自然条件

（一）气候特征及水热状况

我国南方地区气候类型以热带、亚热带季风气候为主，夏季高温多雨，冬季温和少雨，年降水量在800毫米以上，冬季气温在0℃以上（海南、雷州半岛和台湾南部、云南南部在15℃以上），年积温在4 500～8 000℃。若以日平均气温高于10℃，最冷月平均气温和极端最低气温作为划分气候带的指标，结合年干燥度区划指标，我国南方地区主要可划分为中亚热带湿润区（江南区、瓯江、闽江、岭南区、四川区、贵州区、滇北区）、南亚热带湿润区（台北区、闽南-珠江区）、北热带湿润区（台南区、雷琼区、滇南河谷区、琼西区、元江区）、中热带湿润区（琼南-西沙区）及南热带湿润区（南沙区）。从气温和无霜期天数评估，中亚热带大部分地区可以种植两季水稻和一季冬季作物，适合栽培茶、油茶、柑橘等亚热带作物和林果；南亚热带除适合种植亚热带作物外，也适合种植香蕉、荔枝、龙眼、番木瓜等需气温较高的作物；在北纬24°以南的地方，除种植亚热带作物外，也可以发展热带作物（槟榔、胡椒、咖啡等）。

我国南方地区江河与湖泊众多，是我国水资源最丰富的区域，而且汛期长、水位季节变化较小、无结冰期。南方地区河流主要包括长江及其支流汉江、洞庭湖水系、鄱阳湖水系、四川盆地向心状水系（岷江、雅砻江、乌江、嘉陵江）、珠江及其支流西江、东江、北江，钱塘江，淮河，闽江，横断山区水系澜沧江、怒江等；其中该区内的长江和珠江流域面积约占全国地表总面积的25%。该地区也是我国淡水湖主要分布区，包括鄱阳湖、洞庭湖、太湖、巢湖、滇池等。虽然南方地区气候和水热条件优越，但也存在不利的因素，例如降水分配不均、干湿季节极为明显、沿海常有寒潮及台风侵袭、易受洪涝灾害威胁。江淮地区伏旱期，气温高，降水减少，蒸发旺盛，易对作物生产造成不利的影响。云南高原干湿变化大，旱季雨量少，气温高，辐射强，风势大。贵州地区云雾和降水多，日照少。华中地区降水集中，水土流失严重，河流淤积，洪涝灾害频发。另外，南方地区高温高湿的环境虽然有利于作物生长，但也易使作物遭受病虫害的侵袭。

（二）植被类型

我国南方地区植被类型主要为亚热带常绿阔叶林和热带季雨林，植被资源极为丰富。中亚热带地区自然植被以常绿阔叶林为主，优势树种为壳斗科的青冈属、栲属、石栎属，山茶科的木荷属，樟科的润楠属，杜英科的杜英属、猴欢喜属等，还有壳斗科、蔷薇科等组成的灌木丛和禾本科及蕨类等构成的草丛；人工栽培有杉木、茶、油茶、柑橘等多种经济作物。南亚热带区域以偏湿性季风常绿阔叶林为主，优势树种为壳斗科、樟科、金缕梅科、山茶科，夹杂有桃金娘科、桑科、大戟科及番荔枝科等；该区域南部也栽培香蕉、龙眼、荔枝等果树。热带地区以热带雨林和季雨林中的植被为代表性植被，主要是由乔木、灌木、藤本、草本和附生植物组成多层次的植被群落；重要树种包括龙脑香科的龙脑香、坡垒、青皮、望天树等，梧桐科的银叶树，肉豆蔻科的云南肉豆蔻、红光树、吹风楠等；栽培经济作物有天然橡胶、椰子、咖啡、槟榔、胡椒、龙眼、荔枝、香蕉等。

（三）地质地貌特点

我国南方地区地形总体以丘陵和平原为主，地势东西差异大，主要位于第二、第三阶梯，东部平原、丘陵面积广，西部以高原、盆地为主，包括长江中下游平原、四川盆地、云贵高原、东南丘陵、南岭、武夷山、雪峰山及台湾山脉等。长江中下游平原含江汉平原、洞庭湖平原、鄱阳湖平原、太湖平原、巢湖平原、长江三角

洲等，东南丘陵由江南丘陵、两广丘陵、浙闽丘陵三部分组成。

在中亚热带东部和东北部的山地有武夷山、武功山、黄山、天目山、武陵山、罗霄山脉、苗岭等，这些山地海拔1 500~2 000米，主要由花岗岩、流纹岩、砂岩及石灰岩等构成。中亚热带丘陵主要在皖南、浙北、浙赣盆地、赣江河谷、洞庭湖和鄱阳湖环湖及湘中部，母质以砂岩、板页岩及第四纪红色黏土为主。中亚热带平原主要位于长江中下游的冲积平原、环湖平原及沿海平地，母质多为江河冲积物、湖积物及近代沉积物。中亚热带西部还有湘西、黔东部低山丘陵，母质主要为红色砂岩、砾岩及第四纪红色黏土等，四川盆地主要由紫色砂页岩及第四纪沉积物组成，云贵高原主要由石灰岩、砂岩及火成岩构成。

南亚热带的闽粤沿海地区以平原丘陵为主，由近代沉积物、花岗岩及红砂岩组成，台湾北部和中部属于平原台地，闽江、珠江及三角洲地区属于平原地区，由冲积物组成。粤西北和桂东南属于丘陵盆地，海拔一般为300~500米，母质以花岗岩和石灰岩为主。热带的雷州半岛和海南岛北部以平原丘陵为主，海拔在200~300米，由浅海沉积物及玄武岩组成；海南岛中部为山地丘陵，一般海拔在200~500米，母岩和母质类型众多，其中花岗岩最为广泛，其次为砂页岩、变质岩、玄武岩。

南方地区各区域的地质地貌差异对土壤形成、类型，生物群落及农业生产布局均会产生很大影响。南方地区的云贵地区属于喀斯特地貌，地表崎岖、土层浅薄、地表水缺乏；长江以南地区主要为红壤，土壤贫瘠、酸性强、土质黏重，不利于农业发展。因此，南方地区农业生产过程中土壤管理和施肥极为重要。

二、南方地区土壤类型及分布

我国南方地区由于受气候、地质地貌及水热状况的影响，不同区域土壤的生成、发育、特性及类型存在明显区别。中亚热带地区的地带性土壤为红壤，南亚热带地区的地带性土壤为赤红壤，热带地区的地带性土壤为砖红壤，北亚热带地区的地带性土壤主要为黄壤、黄棕壤。除地带性土壤外，还存在一些非地带性土壤，如水稻土、紫色土、火山灰土、滨海沙土等。

（一）红壤

红壤是我国分布面积最为广泛的土壤，主要分布于江西、湖南的大部分地区，云南、广西、广东、福建、台湾北部，以及湖北、江苏、浙江、安徽、四川、贵州和西藏南部的部分地区。红壤形成于中亚热带气候条件下，该气候区域年均气温16～21℃，年降水量为800～1 500毫米，无霜期240～280天，雨量充沛，多集中在3—6月，7—9月常出现旱季，自然植被为常绿阔叶林。红壤母质有第四纪红色黏土、砂岩、花岗岩、板页岩、千枚岩、玄武岩和石灰岩等。红壤地区适合种植的作物和林果种类多，是我国粮食和亚热带经济作物的重要生产基地。

红壤是在高温高湿条件下，矿物发生强烈的脱硅富铝化作用而形成的富含红色赤铁矿物的土壤。红壤pH为5～5.5，黏粒多而品质差，养分贫乏，土层厚而耕层浅，黏土矿物主要为高岭土、赤铁矿，黏粒硅铝率为2～2.2，阳离子交换量低，土壤中含有较多的游离态铁、铝，致使土壤磷易被固定。

（二）赤红壤

赤红壤主要分布在福建、台湾、广东、广西和云南南部等区域，是红壤和砖红壤的过渡地区。该区域属南亚热带季风气候区，年均气温19～22℃，最冷月均温10～15℃，最热月均温21.7～28.5℃，10℃以上积温多在6 500～8 450℃，年降水量1 000～2 600毫米，无霜期达350天，一般3—9月为雨季，10月至翌年2月为旱季。由于赤红壤分布地区跨3个纬度，加上地形复杂，因而气候的区域性差异较明显。赤红壤地区现有植被结构趋势是自北

向南、自东向西热带性种属增多，自然植被为季风常绿阔叶林。赤红壤母质类型多样，主要为花岗岩、片麻岩、流纹岩、紫色砂页岩、砂页岩及玄武岩等。赤红壤地区是荔枝、龙眼、香蕉、杧果、柑橘、番木瓜、甘蔗等经济作物的主要产地，部分水热资源更为丰富的区域还可以种植橡胶、咖啡、胡椒等热带作物。

赤红壤地区干湿季节交替，有利于土壤胶体的淋溶，并在一定的深度凝聚，因而土壤普遍具有明显的淀积层。赤红壤的黏粒矿物组成比较简单，主要是高岭石，伴生黏粒矿物有针铁矿和少量水云母。赤红壤呈酸性，pH多为5～5.5，土壤交换性铝占优势，阳离子交换量和有机质含量低，矿质营养较为缺乏，肥力较低，土壤侵蚀严重。

（三）砖红壤

砖红壤是典型的热带土壤，是在热带季风气候下发生高强度脱硅富铝化作用和生物富集作用而发育成的深厚红色土壤，以土壤颜色类似红砖而得名。砖红壤主要分布在海南、雷州半岛、台湾南部及云南西双版纳，当地年平均气温为23～26℃，年积温在9 000℃以上，年降水量为1 500～2 000毫米，夏季多雨，冬季少雨，自然植被为热带雨林或季雨林。砖红壤母质通常为数米至十几米的酸性富铝风化壳，包括各种火成岩、沉积岩的风化物和浅海沉积物。砖红壤地区的水稻一年可三熟，甘蔗等农作物全年可以生长，也是我国橡胶、咖啡、椰子、胡椒、槟榔等热带经济作物的重要生产基地。

砖红壤土层深厚，质地黏重，黏粒含量高达60%以上，呈酸性至强酸性，pH为4.5～5.5，黏土矿物主要为高岭土和三水铝石，土壤硅铝率一般为1.5～1.8，土壤盐基强烈淋失，交换量低，含有大量的游离态铁、铝，但砖红壤生物积累作用旺盛，热带森林每年有大量的枯枝枯叶落于地面，凋落物干物质每年可达11.55吨/公顷，比温带高1～2倍。

（四）黄壤

黄壤是指中亚热带湿润地区发育的富含水合氧化铁（针铁矿）的黄色土壤。黄壤在南亚热带和热带山地也有分布，主要分布在四川、贵州两省。黄壤地区的热量条件较同纬度的红壤地区略低，日照率较红壤地区低30%～40%，但湿度更大，降水量1 000～2 000毫米，蒸发量较低，自然植被为亚热带常绿阔叶林和常绿林-落叶林混交林。黄壤地区地形复杂，母质类型多，主要为花岗岩、砂页岩、片麻岩、石英岩、石灰岩等。

黄壤的脱硅富铝化作用过程较红壤弱，土壤中氧化铁高度水合化，多以针铁矿和多水合氧化铁形态存在，因此土壤呈黄色或黄棕色。由于湿度大、蒸发量较少，黄壤的淋溶作用较红壤强，盐基饱和度较低，酸度较红壤高，呈酸性至强酸性，pH为4～5，黏土矿物主要为高岭土、蛭石和伊利石，黏粒硅铝率为2.5左右。黄壤质地一般较黏重，多为黏土、黏壤土，相同条件下有机质积累较多，有机质含量10%～20%，比红壤高1～2倍。黄壤氮、钾含量均属中等水平，有效磷含量低，是典型的缺磷土壤之一，具有过黏、过沙、过酸三大特点。

（五）黄棕壤

黄棕壤是发育于北亚热带常绿阔叶与落叶阔叶混交林下的土壤，在我国主要分布于长江与秦岭-淮河之间的北业热带地区及中亚热带、南亚热带和热带地区的山地，包括江苏、安徽、湖北北部及陕西南部。当地气候具有暖带特点，夏季高温，冬季寒冷，年平均气温为11～13℃，10℃以上积温2 000～3 000℃，无霜期180天以上。当地植被为落叶阔叶林，杂有常绿阔叶树种。黄棕壤母质多为花岗岩、片麻岩、玄武岩和砂页岩等。黄棕壤既具有温带土壤明显的黏化特征，又具有硅、铁淋溶的富铝化的初级阶段特征，土壤脱硅富铝化作用比红壤、黄壤要弱得多，有机质分解速度较黄壤慢，

土壤为酸性至微酸性。黄棕壤地区的水热条件较为优越，自然肥力较高，适宜多种林木的生长，是我国经济林木集中产地，也是我国重要的农作区，盛产多种粮食和经济作物。

（六）紫色土

紫色土是在热带、亚热带气候条件下由紫色母岩发育形成的岩性土，主要分布在我国的亚热带地区，以占全国紫色土面积51.5%的四川盆地为主，云南、贵州、湖南、江西、浙江、湖北、福建、广东、广西等省区也有分布。紫色土是在频繁的风化作用和侵蚀作用下形成的，物理风化强烈、化学风化微弱。

紫色土发育程度较同地区的红壤、黄壤迟缓，尚不具脱硅富铝化特征，属化学风化微弱的土壤。紫色土为初育性岩性土，根据母岩沉积时期岩性差异而导致的土壤pH和碳酸钙含量的差异，可以将紫色土分为中性紫色土、石灰性紫色土和酸性紫色土三大亚类。紫色土具有发育浅、土层分化不明显、土壤矿质养分含量丰富及自然肥力高等特点，在四川盆地的丘陵地区中为较肥沃土壤，其农业利用价值很高。

（七）水稻土

水稻土在我国分布广泛，占全国耕地面积的1/5，是我国南方地区最主要的农田土壤，广泛分布于平原、丘陵和山区，其中以长江中下游，河、湖平原，四川盆地，珠江，闽江及台湾西部平原尤为集中。水稻土是在人为水耕熟化、淹水种稻而形成的一种特殊土壤，是我国一种重要的土地资源。水稻土由于长期处于水淹缺氧状态，土壤中的氧化铁被还原成易溶于水的氧化亚铁，并随水在土壤中移动，当土壤排水后或受水稻根的影响，氧化亚铁又被氧化成氧化铁沉淀，土壤下层较为黏重。南方地区水稻土主要包括淹育性水稻土、潴育性水稻土、漂白性水稻土、潜育性水稻土。

三、特色经济作物

　　我国南方地区光、温、水、热资源丰富，自然条件优越，适合发展经济作物，是我国重要的经济作物生产基地。经济作物又称技术作物或工业原料作物，是指具有某种特定经济用途的农作物。我国纳入人工栽培的经济作物种类繁多，包括纤维作物、油料作物、糖料作物、嗜好类作物、水果和其他经济作物等，例如棉花、油菜、甘蔗、甜菜、茶、咖啡、烟叶、橡胶、椰子等。经济作物通常具有地域性强、经济价值高、对自然条件要求较严格等特点，所以经济作物发展过程中需遵循"因地制宜、适当集中"的原则，规划经济作物布局。我国经济作物南北差异大，南方地区主要位于热带、亚热带，年积温高，降水充沛，雨热同期，气候条件与北方地区存在差异，该地区经济作物也具有地域特点和特色。我国南方地区特色经济作物主要包括柑橘、香蕉、荔枝、龙眼、菠萝、杧果、甘蔗、茶、油茶、椰子、火龙果、番木瓜、橡胶、木薯、槟榔、胡椒、咖啡等。

第二章　作物营养与施肥原理

一、作物营养元素

组成作物体或作物正常生命活动所必需的化学元素称为作物营养元素，通常也将营养元素及其某些化合物称为作物养分。新鲜作物一般含有75%~95%的水分，5%~25%的干物质。在干物质中绝大部分是有机化合物，约占95%，无机化合物只占5%左右。干物质经加热燃烧后，其有机化合物部分几乎全部可被氧化分解，以二氧化碳、水、氮气等物质的气体形式逸出，残渣即为灰分。灰分含有几十种化学元素，包括作物生长所必需的和非必需的营养元素。

（一）作物营养元素及其生理作用

作物体内含有70种以上化学元素，但并不是所有化学元素都是作物生长发育所必需的，其中在作物正常生长发育过程中必不可少的营养元素称为作物必需营养元素。某种化学元素是否为作物的必需营养元素，主要依据以下3条标准来判断：①不可缺少性，缺乏该种元素作物生长发育明显受到抑制，以致不能完成完整生命过程。②不可替代性，缺乏该元素所造成的作物元素缺乏症状只能通过加入该元素的方法预防或恢复，加入其他任何元素均不能替代该元素的作用。③直接功能，该元素对作物生长发育的影响是由该元素的直接作用而造成的，该元素参与作物的新陈代谢，起到直接营养的作用。

符合上述3条标准的元素则为作物必需营养元素。但是在非必需营养元素中，有些营养元素对作物生长发育有利或是某些特定作物所必需，一般称为有益元素，如硅、钠、硒等。

根据上述标准，现已确定的作物必需营养元素有17种，但各元素在作物体内存在的数量差异很大。通常根据必需营养元素在作物体内的含量，将其划分为大量营养元素和微量营养元素。大量营养元素一般占作物干物质重量的0.1%以上，包括碳、氢、氧、氮、磷、钾、钙、镁和硫9种；微量营养元素的含量一般在0.1%以下，包括铁、锰、锌、铜、硼、钼、氯和镍8种。各种营养元素在作物的生命代谢中各自有不同的生理功能，相互间是同等重要和不可代替的，了解各种元素的生理功能对于科学施肥、实现优质高产具有重要的意义。

碳、氢、氧3种元素是作物体内重要有机化合物的组成元素，占作物干重的90%以上，它们以各种碳水化合物的形式存在，如纤维素、半纤维素和果胶质等，还可以构成作物体内的活性物质，如植物激素，也是蛋白质、脂肪等大分子有机化合物的组成成分。氢和氧在作物体内的生物氧化还原过程中也起着很重要的作用。由于碳、氢、氧主要来自空气（二氧化碳）和水，因此一般不考虑碳、氢、氧的施用问题。利用塑料大棚和温室栽培作物的过程中需要考虑补充二氧化碳，但其浓度应尽量控制在0.1%以下。

氮是作物体内许多重要有机化合物的组成成分，在细胞、组织、器官构成过程中起着中心作用，在维持生命活动和提高作物产量、改善产品品质方面具有极其重要的作用。氮是构成蛋白质和核酸的重要成分，是组成植物细胞原生质的基本物质。氮也是叶绿素、酶和多种维生素的组成成分。除豆科植物能够借助其根瘤中共生菌的固氮作用直接吸收空气中的氮以外，一般作物生长发育均需要从土壤中吸收大量氮元素。

磷是作物体内核酸、核蛋白、磷脂、植素、磷酸腺苷和多种酶的组成成分，以多种方式参与作物体内的各种代谢过程，在作物生长发育中起着重要的作用。磷是核酸的主要组成成分，在作物生长发育和代谢过程中都极为重要，是细胞分裂和根系生长不可缺少的

元素。磷也是磷脂的组成元素，是生物膜的重要组成成分。磷还是其他重要含磷化合物的组成成分，如腺嘌呤核苷三磷酸（ATP），各种脱氢酶、氨基转移酶等。磷还可以提高作物的抗逆性和适应外界环境条件的能力。增施磷肥能增强作物的抗旱、抗寒能力，促进作物提早开花、提前成熟。

钾主要是以离子状态存在于作物细胞液中。它是多种酶的活化剂，在代谢过程中起着重要作用，不仅可以促进光合作用，还可以促进氮代谢，提高作物对氮的吸收和利用。钾还可以调节细胞的渗透压，增强作物抵抗不良因素（旱、寒、病害、盐碱、倒伏）的能力，提高农产品品质。在收获物是以碳水化合物为主的作物上，如薯类作物、纤维作物、糖料作物上施用钾肥，既可提高产量，又能改善产品品质。

钙是非原生质体及生物膜的组成成分，在作物体内以果胶酸钙的形态存在。钙对作物体内氮代谢有一定影响，是某些酶促作用的辅助因素，可增强与碳水化合物代谢有关酶的活性。钙能中和作物代谢过程中形成的有机酸，有调节作物体内pH的作用，能降低原生质胶体的分散度，有利于作物的正常代谢。此外，钙还能与某些离子产生拮抗作用，以消除某些离子的毒害作用。

镁是叶绿素中不可缺少的组成成分，作为中心离子结合叶绿素的4个吡咯环结构。镁还是多种酶的活化剂，能加速酶促反应，能促进糖类的转化及其代谢过程，对碳水化合物的代谢、作物体内的呼吸作用均有重要作用。镁能促进脂肪和蛋白质的合成，能使磷酸转移酶活化，还能促进维生素A和维生素C的形成，提高蔬菜和水果的品质。

硫是构成蛋白质和酶不可缺少的成分。硫参与作物体内的氧化还原反应，是多种酶和辅酶及许多生理活性物质的重要组成成分，能够影响呼吸作用、脂肪代谢、氮代谢、光合作用及淀粉的合成。硫还能促进豆科作物根瘤菌的形成，从而促进种子产量增加。

铁主要集中于作物叶绿体中，对叶绿素的形成至关重要，是光合作用必不可少的元素。另外，作物呼吸作用不可缺少的细胞色素氧化酶、过氧化氢酶、过氧化物酶等均是含铁酶，而且铁还是作物体内铁氧还蛋白的重要组成成分，参与了光合作用、硝酸还原、生物固氮等过程的电子传递。

锰在作物体内是以结合态形式直接参与光合作用过程中的水解，而且对作物体内氧化还原反应有重要作用，能活化作物体内如异柠檬酸脱氢酶、苹果酸脱氢酶、草酰琥珀酸脱氢酶等许多酶系统。锰还参与硝态氮还原成铵态氮的反应。

铜主要分布于作物生长较活跃的组织中，是作物体内多种氧化酶的组成成分，如多酚氧化酶、抗坏血酸酶、吲哚乙酸氧化酶等，在催化氧化还原反应方面起着重要作用。铜也参与叶绿体内的光化学反应，含铜酶是叶绿体的组成成分。铜还参与蛋白质和糖类的代谢作用。

锌是某些酶的成分或活化剂，对植物碳、氮代谢产生广泛的影响，并参与光合作用和生长素的合成，在碳水化合物的形成中起重要作用，能够促进生殖器官发育和提高作物抗逆性。

硼对碳水化合物的运转起重要作用，也是作物生殖器官形成中不可或缺的元素。硼能促进碳水化合物的正常运转、生殖器官的形成和发育及细胞分裂和细胞伸长，提高豆科植物的固氮能力。硼还能提高作物的抗旱、抗寒能力，能防止作物发生生理病害。

钼是固氮酶和硝酸还原酶的重要组成成分，在生物固氮中具有重要作用。钼还能影响水解各种磷酸酯的磷酸酶的活性，促进作物光合作用。

氯在作物体内主要参与电荷补偿和与细胞膜渗透调节有关的一些生理功能。氯还参与植物光合作用，能调节气孔的开闭，增强作物对某些病害的抑制能力。

镍是脲酶的重要组成成分。镍虽然不是脲酶蛋白质合成所必需的，但它是脲酶的结构和催化功能所必需的。

（二）作物对养分的吸收

作物生长发育所必需的营养元素主要来源于空气、水和土壤，其中土壤是作物必需营养元素的最大来源。作物所需各种营养元素主要通过地下部（根系）从土壤中吸收，作物也可以通过地上部（叶片和部分茎）吸收根外营养，作为根系营养的补充。所以根系是作物吸收养分的主要器官，也是养分在作物体内运输的重要部位，对作物生长发育起着重要作用。

根系对养分的吸收是一个复杂的过程，根系与营养环境中养分接触后，养分向根表迁移，吸附在根细胞膜表面，通过离子跨膜运输进入根细胞质。对于整个土壤空间来说，根系分布只占了约3%的体积，所以养分向根表的迁移是植物获取养分的重要途径。土壤养分向根表迁移的途径主要有3种：主动截获、质流、扩散。主动截获是指根系直接从接触的土壤中获取养分。质流是指由于作物吸水和蒸腾作用，在作物体内形成不断将水分向上拉的拉力，导致土壤溶液与根表面形成压力差，促使土壤养分随水分向根表迁移。扩散是由于作物根系不断从土壤中吸收养分，导致根区土壤的养分浓度降低，离根区较远土壤的养分浓度相对较高，帮助养分向低浓度区域扩散，进而到达根表。3种途径中主动截获的养分只占极少部分，主要还是通过质流或扩散获取。

作物根系虽然可以直接吸收少量的可溶性有机物，但最主要的营养方式是无机营养，主要是吸收无机离子。作物对营养元素的吸收存在选择性和相对稳定性，土壤中养分种类和浓度存在很大差异，但作物并不按照土壤中养分的含量和比例吸收养分，而是根据生理需求有效控制吸收养分的种类和含量。作物具有各自的遗传特性，并在与土壤环境长期相互作用过程中，逐步形成养分吸收的相对稳定性，这主要表现在同一作物在不同土壤环境中吸收大致相似的养分量。影响作物养分吸收的因素主要包括营养环境中的养分浓度、温度、光照强度、土壤水分、通气状况、土壤酸碱度、养分离子的理化性质、根的代谢活性、生育期作物体内的养分状况等。

二、肥料种类及理化性质

肥料是现代农业生产中重要的物资，在农业生产中起着重要的作用。施肥是提高作物产量的传统管理措施之一，我国农业生产中肥料投入占全部农资投入的50%。但是，肥料施用过量将导致养分利用率低，容易造成环境污染。有研究认为，施入土壤中的肥料只有不到50%能够被作物利用，其余大部分则流入环境中，对环境产生污染，也增加了农民生产成本。合理施肥不仅能补充作物所需养分，还可以改善作物品质，保障耕地质量，促进农业的可持续发展。

（一）氮肥的种类和性质

农业生产中常用的氮肥主要有尿素、碳酸氢铵、氯化铵、硫酸铵、硝酸铵、缓释氮肥等。我国的氮肥品种构成比较单一，主要是尿素和碳酸氢铵等，这些氮肥的理化性质如下。

（1）尿素。分子式为$CO(NH_2)_2$，含N 46%，易溶于水，20℃时100毫升水中可溶解105克，水溶液呈中性，尿素中常含有少量缩二脲，国标规定含量不能超过1.5%。尿素可叶面低浓度喷施，但主要还是施入土壤，经过脲酶作用，水解为铵态氮才能被作物吸收。尿素施用后没有酸根残留，适合各种土壤和作物。尿素适当深施效果更佳，损失更少。

（2）碳酸氢铵。简称碳铵，分子式为NH_4HCO_3，含N 17%。碳酸氢铵是一种无色或浅色化合物，为粒状、板状或柱状细结晶，易溶于水，20℃时100毫升水中可溶解21克，水溶液呈碱性。碳酸氢铵怕热怕湿，高温高湿条件下分解速度加快。碳酸氢铵施用后无酸根残留，适用于各种作物和土壤，肥效比尿素快，适合做基肥和追肥，具有土壤吸持和淋失较慢、较少的特点。

（3）氯化铵。分子式为NH_4Cl，含N 24%～26%，是一种重要的铵态氮肥。氯化铵呈白色或略带浅黄色，细结晶状，易溶于水，溶解时能吸热，20℃时100毫升水可溶解37克，水溶液呈微酸性。氯化铵施用后有较多的氯根残留，使土壤酸性增强。

（4）硫酸铵。简称硫铵，分子式为$(NH_4)_2SO_4$，含N 21%。硫酸铵一般为白色结晶状，物理性质稳定，不易吸湿，易溶于水，肥效迅速而稳定，是一种生理酸性肥料。硫酸铵除含N外，还含有24%的硫，在缺硫土壤上施用有很好的效果。但在淹水条件下硫酸根易还原成硫化氢，对作物根系有毒害作用。

（5）硝酸铵。分子式为NH_4NO_3，含N 33%～35%。硝酸铵纯品为白色斜方晶体，极易溶于水，20℃时100毫升水可溶解65.2克，但易于吸湿，贮运过程中存在燃爆危险。硝酸铵适用作物和土壤范围广，尤其适合旱地作物、烟草、蔬菜和果树等。为了改善硝酸铵的吸湿性和防止燃爆危险，可将硝酸铵改性为硝酸铵钙（含N 20%左右）和硫硝酸铵（含N 25%～27%）。

（6）硝酸钙。分子式为$Ca(NO_3)_2$，含N 13%～15%，灰色或淡黄色颗粒，易溶于水，极易吸湿，水溶液呈酸性，适用于多种土壤和作物，尤其适合甜菜、烟草、马铃薯等作物。

（7）缓释氮肥。是指一类对常用化学氮肥进行物理或化学改性，使其具有缓释、长效性能的氮肥，含N 10%～45%，主要是通过控制氮肥溶解速度或者肥料氮素在土壤中的转化，达到缓释、延长肥效的目的。缓释氮肥主要包括水中微溶或低速溶解的化合物（如金属磷酸铵盐等）、需要在微生物作用下缓慢释放可吸收氮的氮肥（如脲甲醛等）、包膜氮肥（硫包衣尿素、树脂包膜尿素等）、添加抑制剂的氮肥（如添加脲酶抑制剂、硝化抑制剂）。

此外，国外农业生产中还施用液氨（含N 82%）、氨水（含N 12%～16%）、氮溶液（含N 20%～50%）等液态氮肥，但在我国尚未得到很好的发展。

（二）磷肥的种类和性质

磷肥的品种很多，生产工艺分为酸法与热法两大类，可以按溶解性质分为水溶性磷肥、枸溶性磷肥和难溶性磷肥。

（1）过磷酸钙。含 P_2O_5 12%～22%，呈灰色或浅黄色粉状。过磷酸钙主要成分为磷酸一钙和硫酸钙，含有5%左右的游离酸，水溶液呈酸性，具有腐蚀性和吸湿性。另外，过磷酸钙中还含硫 10%～16%，含 CaO 1.5%～28%，在补充土壤硫、钙营养方面有重要的作用。

（2）重过磷酸钙。成品呈灰白色、深灰色或灰黑色粉状，含 P_2O_5 40%～50%，是含有少量铁、镁等元素的磷酸盐。产品易吸湿结块，工业上多将其制成粒状，以改善其物理性状，便于运输和施用。

（3）钙镁磷肥。又称熔融磷肥或熔融含镁磷肥，一般含 P_2O_5 14%～25%，含 MgO 8%～18%，含 CaO 25%～38%，含 SiO_2 20%～35%，外观有灰白色、浅绿色、墨绿色或灰褐色等。产品呈微碱性（pH 8～8.5），玻璃态粉状，无毒，不吸湿，不结块，长期储存不易变质。钙镁磷肥可做基肥、种肥和追肥，但以基肥深施效果最好。

（4）脱氟磷肥。一般含 P_2O_5 14%～18%，为褐色和浅灰色粉末，微碱性，不吸湿，不结块，无腐蚀性，属于枸溶性磷肥。脱氟磷肥在酸性土壤中施用，其肥效与过磷酸钙相当或略优于过磷酸钙，但在石灰性土壤中肥效较差。

（5）磷矿粉。将磷矿破碎至粉状，直接用作肥料的产品，外观色泽因磷矿不同而异，多呈黄褐色、灰褐色等，水分含量低，性质稳定，可以长期储存，属于难溶性磷肥。

另外，其他枸溶性磷肥还包括钢铁渣磷肥、钙钠磷肥、骨粉等，在我国很少生产和施用。磷酸可以作为高浓度磷肥、复合肥的基础原料，也是配制液体肥料的一种基础磷肥。

（三）钾肥的种类和性质

农用钾肥种类较氮肥、磷肥少，主要是氯化钾、硫酸钾和硝酸钾等。其中氯化钾在我国用量最大，占我国钾肥总量的80%以上。

（1）氯化钾。K_2O含量在60%以上。氯化钾不仅直接作为钾肥或复混肥料的基础肥料，而且是生产硫酸钾、硝酸钾等无氯钾肥的基本钾源。商品氯化钾外形呈浅黄色、砖红色或白色，结晶状或颗粒状，游离水含量较低，有一定吸湿性，水溶液为中性，但属于生理酸性肥料。氯化钾可做基肥和追肥，对烟草、葡萄、薯类等忌氯作物，原则上不单独和连续施用。

（2）硫酸钾。K_2O含量在50%左右。纯品硫酸钾外观白色，结晶状或粉末状。肥料级硫酸钾常带灰黄色、灰绿色或浅棕色，易溶解，溶解度小于氯化钾，属于生理酸性肥料，吸湿性弱，不易结块，贮运比较方便。硫酸钾适合多数喜硫忌氯的经济作物，如烟草和糖料、油料作物等。

（3）硝酸钾。是一种含K_2O 44%、含N 13%的二元复合肥，由于以钾为主，常做钾肥施用。硝酸钾是一种适合各种作物的优质肥料，但价格较硫酸钾贵，常用在经济作物和蔬菜、花卉上。

（4）草木灰。草木灰是我国农村广泛使用的一种农家肥料，水溶液呈较强的碱性。草木灰中钾的形态主要是碳酸钾，其次也存在一定的氯化钾和硫酸钾。草木灰可作为基肥、追肥和盖种肥，但草木灰不能和铵态氮肥混存、混用。

（四）复合肥料的种类和性质

复合肥料是指商品肥料中含有两种或两种以上主要营养元素的肥料品种，是目前世界肥料工业生产和投放农业的主要肥料形态。商品复合肥料品种繁多，主要从生产工艺、用途、养分形态和配比进行分类。

按其生产工艺可分为化成复肥、混配复肥。化成复肥中二元复合肥包括硝酸磷肥、磷酸一铵、磷酸二铵等；三元复合肥一般以磷酸作为主要原料，加氨进行反应，然后加入钾肥进行混合，经浓缩后成为三元复合肥，该种复合肥养分均匀，物理性状好。国内混配复肥多采用干粉造粒，生产的肥料养分浓度较低，现也有大量企业生产掺混肥料；国外混配复肥以掺混肥料为主，要求原料颗粒大小、比重基本相当，否则易产生分离，导致养分不均匀，影响肥效。

按用途可分为通用型复合肥、专用型复合肥。在我国主要将氮磷钾养分含量相等的肥料称为通用型复合肥，例如15-15-15，17-17-17等，通用型复合肥养分配比针对性较差。专用型复合肥是根据作物养分需求特点和土壤肥力状况确定配方，由于考虑了作物和土壤特点，具有更强的针对性，肥效普遍要好于通用型复合肥。

按养分形态可以分尿基复合肥、硫基复合肥、硝基复合肥和氯基复合肥。尿基复合肥主要特点是以尿素溶液喷浆造粒而成，硫基复合肥是指复合肥钾源为硫酸钾，硝基复合肥是在生产硝酸磷肥的基础上加钾肥制备而成，氯基复合肥是以氯化钾为钾源或氯化铵为氮源生产而成。

按养分配比可以分为高氮型复合肥、高磷型复合肥、高钾型复合肥、氮钾型复合肥、氮磷型复合肥和均衡型复合肥。通常习惯将复合肥中氮磷钾单一养分含量大于20%的复合肥称为高氮、高钾或高磷型复合肥。

（五）中微量元素肥料的种类和性质

随着农业快速发展和作物产量的提高，氮、磷、钾被大量施用补充，植物体为了平衡体内需求，对微量元素需求也会增加，导致土壤中微量元素逐渐缺失。近年来因为微量元素缺失造成的问题越来越多，中微量元素的补充和施用也越来越受到关注和重视。

（1）钙肥。目前少有专用于补充钙养分的钙肥，一般施用含钙较多的物料，如施用石灰、石膏和碳酸钙等，既有改良土壤的效

果，又有补充钙的作用。水溶性钙肥主要有硝酸钙和氯化钙，在作物急需补钙时施用。

（2）镁肥。在南方红壤地区作物缺镁比较常见，可施用含镁的钙镁磷肥和水溶性的硫酸镁、氯化镁等。

（3）硫肥。含硫肥料品种很多，通常以硫元素态或硫酸盐态存在于肥料中，如硫黄、石膏、硫酸铵、硫酸钾、硫酸镁等。硫酸盐形态的硫肥（除石膏外）肥效都较快。

（4）铁肥。七水合硫酸亚铁是最常用的铁肥，价格较低，外观为淡绿色晶体，可溶于水。常将七水合硫酸亚铁配制成0.1%～0.2%的溶液施用。

（5）锰肥。最为常用的锰肥是水溶性的硫酸锰，含锰29%～31%，是易溶于水的粉红色结晶。硫酸锰主要用于喷施和浸种，浓度一般为0.1%左右。

（6）铜肥。农用铜肥有10余种，最常用的是五水合硫酸铜，含铜25%左右，是易溶于水的蓝色结晶。五水合硫酸铜一般用0.02%～0.04%的溶液喷施，或用0.01%～0.05%的溶液浸种。

（7）锌肥。主要是硫酸锌（七水合硫酸锌和一水合硫酸锌）和氯化锌，均为易溶于水的白色晶体。硫酸锌一般用于拌种、浸种或作为根外追肥。

（8）硼肥。南方酸性土壤容易出现缺硼，常用的硼肥主要有硼酸和硼砂。硼砂为透明斜晶体或白色粉末，易溶于水，水溶液呈碱性，含硼11%左右。硼酸为白色粉末状结晶，溶于水，水溶液呈弱酸性，含硼17%。硼酸和硼砂可作为基肥、种肥和根外追肥。

（9）钼肥。常用的是钼酸铵，含钼约54%，易溶于水。钼酸铵常用于种子处理和根外施肥，浸种浓度一般为0.05%～0.10%，喷施浓度一般为0.01%～0.10%，对豆科作物和蔬菜的肥效较好，对禾本科作物肥效不明显。

（六）有机肥料

有机肥料是指使用农业废弃物经过发酵、腐熟等过程制备的肥料。有机肥料包括人粪尿、厩肥、堆肥、绿肥、饼肥、沼气肥等，具有种类多、来源广、肥效较长等特点。有机肥料所含的营养元素多呈有机状态，作物难以直接利用，经微生物作用，缓慢释放出多种营养元素，源源不断地将养分供给作物。施用有机肥料能改善土壤结构，有效地协调土壤中的水、肥、气、热，提高土壤肥力和土地生产力。推广应用有机肥料，能促进农业与资源、农业与环境及人与自然和谐友好发展，从源头上促进农产品安全、清洁生产，对保护生态环境也有重要意义。

有机肥料虽然具有很多优点，但在推广应用过程中仍然需要注意一些问题。有机肥料养分全，但养分含量较低，养分并不平衡，不能满足作物高产优质的需要，而且有机肥分解相对较慢，肥效较迟，需将有机肥与化肥配合施用。有机肥料需要发酵、腐熟处理，未腐熟的有机肥料带有病菌、虫卵和杂草种子，不利于作物的健康生长。其次，腐熟的有机肥不宜与碱性肥料混用，若与碱性肥料混合，会造成氨的挥发，降低有机肥养分含量，从而导致营养失衡。另外，由于大部分有机肥料的原料来源于畜禽粪便，还需注意有机肥料中重金属和抗生素含量的问题。

三、作物施肥基本原理

肥料是调节植物营养与培肥改土的一类物质，能直接或间接提供植物矿质养分，是实现合理施肥的物质保证。随着植物营养科学研究的深入发展与施肥实践的科学总结，施肥的基本规律逐步被揭示出来，为合理施肥提供了较系统的理论依据。作物合理施肥的基本原理主要包括养分归还学说、最小养分律、报酬递减律、因子综合作用律。根据作物施肥基本原理，明确施肥时期、施肥方法和肥

料用量，将三者相互配合，从而满足作物整个生育期养分的供应。

（1）养分归还学说。作物以各种方式从土壤中吸收养分，由于作物收获会带走各种各样的养分，如果连续收获，就会使土壤养分逐渐减少，养分耗竭。因此，要恢复土壤肥力，就应当将作物收获时带走的养分归还给土壤。养分归还学说的提出对可利用土壤的肥力恢复和维持土壤地力具有十分重要的意义。

（2）最小养分律。作物的生长发育需各种必需的养分，但是决定作物产量的是相对含量最低的养分，而不是绝对含量最低的养分。在一定范围内，作物的产量随相对含量最低养分的增加而增加。因此，决定作物产量的是土壤中某种对作物需求而言相对含量最低的养分，施肥的目的是提供给作物适宜的营养物质以补充欠缺，从而获得高产。另外，最小养分并不是固定不变的，而是随条件的改变而变化的。

（3）报酬递减律。从一定土地上所得的报酬随向该土地投入的劳动和资本量的增加而增加，但随着投入的单位劳动和资本的增加，报酬增加是逐渐降低的。在施肥方面，施肥的第一次投入是最有效的，以后随渐次投入，其总产量是增加的，但单位施肥量带来的增加量是逐渐降低的。所以，获得最高产量的施肥量不一定是最佳施肥量，因经济效益下降使得增产不增收。

（4）因子综合作用律。作物的产量是影响作物生长发育的各种因子（包括水分、养分、光照、温度、品种、耕作措施）综合作用的结果，其中必然有一个起主导作用的限制因子，产量在一定程度上受该限制因子的制约。为了充分发挥肥料的增产作用，提高肥料的经济效益，一方面施肥措施必须与其他农业技术配合；另一方面，各种养分之间的配合作用应因地制宜地加以综合运用。

第三章　作物病虫害与农药使用知识

一、作物病虫害基础知识

（一）作物病害基础知识

作物进行由遗传基因控制的正常生理活动，需要适当的生长和发育条件。当作物受到其他生物侵染或不适宜的环境条件超越了它们的适应范围，就会发生病害，从而表现出不同程度的病态，严重时会导致作物死亡。病害对作物生长的干扰和破坏有多方面，例如叶片病害主要影响光合作用，根系病害主要影响水分和养分的吸收，花果病害主要影响植株的繁殖、果实的产量及商品性。

作物病害又分为侵染性和非侵染性病害。其中，侵染性病害是针对某一类或一种病害，受病原物、寄主植物和生长环境影响而发生的，会有一定的相互传染性；非侵染性病害是受不适宜的生长条件或有害物质影响而发生的，一般不会传染。

引起作物病害的病原物主要有真菌、细菌、病毒、类菌原体、线虫等。

（1）植物病原真菌。真菌是一类没有根、茎、叶的分化，也没有维管束组织，但细胞内有固定细胞核的真核生物。真菌病害的特点是在植物发病部位产生霉状物和粉状物。植物病原真菌可以引发作物幼苗猝倒病、根腐病、茎腐病、霜霉病、曲霉病、白粉病、菌核病、褐斑病、灰霉病、炭疽病、黑星病、枯萎病等。

（2）植物病原细菌。细菌属于原核生物界的单细胞生物，没有固定的细胞核，不含叶绿素，只能从植物的自然孔口和伤口侵

入。初次侵染源主要是播种材料，如种子、种苗等，其次是土壤中的病残体。在田间的主要传播途径是雨水和灌溉水，其次是昆虫和人类活动。细菌病害的特点是组织坏死和萎蔫，少数能引起瘤肿，造成病斑，并在病斑的周围出现水渍状或产生菌脓。

（3）植物病毒。病毒是一类由一种核酸分子（DNA或RNA）与蛋白质构成的非细胞型的大分子，是靠寄生生活的介于生命体及非生命体之间的有机物种，具有传染性、增殖性和对外界环境反应的稳定性，单个病毒粒子只有在电子显微镜下才能看得清楚。植物病毒通过植物的机械伤口或昆虫侵入，它是通过接触和传毒介体进行传播的，并且不能长时间离开活组织，也不能形成休眠器官。花叶病毒病典型症状是叶片呈深绿色和浅绿色相交错的花叶状。黄化病毒病主要症状为叶片黄化、丛枝和畸形。植物病毒是仅次于真菌的重要病原物，禾谷类、十字花科蔬菜、番茄和瓜类等作物发生病毒病较多。

（4）植物类菌原体。类菌原体是介于病毒和细菌之间的微生物，又名类菌质体。类菌原体具有多型性，通常呈椭圆形。这类病原物没有细胞壁，质粒外包着单位膜。植物类菌原体可以在人工培养基上生长，在液体培养基中呈丝状，在固体培养基上菌落呈圆形。类菌原体主要通过叶蝉、木虱、飞虱等媒介昆虫传播，其为害症状为枝芽丛生，叶芽多；叶小、黄化或变红；植株矮化、畸形和发育不良等。类菌原体对青霉素抗性强，但对四环素类抗生素敏感，因此可以用这类抗生素进行治疗。

（5）植物寄生线虫。植物寄生线虫是一类线形低等动物，一般是圆筒状，两端稍尖，虫体细小，肉眼不易看见，主要分布在土壤及灌溉水中。它们可以通过种子、种苗的调运，风和灌溉水及耕作农具的携带进行传播。线虫的危害在于其吻针刺伤寄主、线虫在植物组织中穿行所造成的机械损伤，以及穿刺寄主时分泌各种酶和毒素，引起植物各种病变。线虫主要为害作物根部，受害植株侧根和须根比正常植株多，在根部形成球形或不规则形瘤状物，根、茎腐烂、生长不良。地上部表现为枯枝、枯叶、黄化、扭曲萎蔫、植株矮小、生长缓慢等。

（二）作物虫害基础知识

在农业生产上，节肢动物门的昆虫纲和蛛形纲与人类关系最密切。昆虫的特征是具有气管，体躯分为头、胸、腹3个部分。头部有口器和1对触角，通常还有1对复眼和1～3个单眼；胸部有3对足，一般还有2对翅；腹部除末端数节具有外生殖器和尾须外，其他各节无附肢。蛛形纲（包括蜘蛛、蜱、螨、蝎子等）体躯分头胸部和腹部2个体段，无触角，4对足。

昆虫外骨骼具有坚硬性、延展性及不透性，这3种特性对昆虫极其重要。坚硬性源于外骨骼结构中含有的骨蛋白，既坚固又轻便，能使内脏避免机械损伤。外骨骼的延展性体现在分化出与其功能相适应的附肢、口器、触角、足等来适应生存的需要。不透性来自外骨骼中不溶于水、乙醇、乙酸、稀酸和浓碱的几丁质，以及最外面的蜡质层和护蜡层，可防止昆虫体内水分蒸发和外来水溶性有害物质、病原微生物、杀虫剂等的入侵。

昆虫的危害主要是通过口器进行取食活动造成的。昆虫的食性复杂，不同种类的昆虫取食方法有所不同，口器构造分为咀嚼式口器、刺吸式口器、虹吸式口器、锉吸式口器、舐吸式口器、嚼吸式口器。

昆虫是雌雄异体的动物，绝大部分昆虫需要经过雌雄两性的交配，卵受精后，产出体外，才能发育成新的个体，这种生殖方式称为两性卵生生殖。昆虫常见的变态有两类：一类是不全变态，具有3个虫态，卵—幼虫（若虫）—成虫，无蛹期，幼虫与成虫在外形上很相似；另一类是全变态，具有4个虫态，卵—幼虫—蛹—成虫，幼虫与成虫在形态上差别较大。

昆虫由卵开始到成虫产生后代的个体发育史称为一个世代。各种昆虫一年发生的世代数很不相同。有一年一代、一年数代、一年

十多代甚至二十多代的。同一地区同一种昆虫，一年内发生的代数是比较固定的。同一地区同一种昆虫，一年中不同温度条件下，一个世代的历期长短也有差异。一年中世代数多的昆虫，前后世代间的虫期常有首尾重叠的现象，称世代叠置。昆虫从当年越冬虫期开始活动到翌年越冬结束为止的发育过程，称为年生活史。

二、农药使用基础知识

农药是指化学合成或天然来源的可用于防治种植业、林业、畜牧业病、虫、草、鼠和软体动物等及用于防治卫生害虫，调节植物生长发育的某种物质或几种物质的混合物及其制剂。

（一）农药的分类

农药的品种很多，分类方法也有多种，下面根据农药的来源、组成、防治对象或作用方式进行分类。

1. 杀虫剂

杀虫剂是指能杀死如甲虫、苍蝇、蛴螬、鼻虫、跳虫及近万种其他害虫的一种药剂。

（1）无机杀虫剂。主要由天然矿物质原料制成，是不含有机碳素的化合物，如氟硅酸等。

（2）有机杀虫剂。这类杀虫剂都是由有机碳素化合物构成，它包括天然的有机杀虫剂和人工合成的有机杀虫剂两类。天然有机杀虫剂又分植物性杀虫剂如除虫菊、烟草、鱼藤等，以及矿物性杀虫剂如煤油乳膏等。人工合成的有机杀虫剂，根据其有效成分中的特征元素又分为有机磷杀虫剂、有机氮杀虫剂、有机氯杀虫剂、有机氟杀虫剂、氨基甲酸酯类杀虫剂等。

（3）微生物杀虫剂。是利用使害虫致病的真菌、细菌、病毒，通过人工培养，用来消灭害虫的药剂，如杀螟杆菌、苏云金杆菌、白僵菌等。

（4）特异性杀虫剂。这类药剂不直接毒杀害虫，只是引起害虫生理上的某种特异反应，如引诱剂、不育剂、拒食剂、脱皮激素、保幼激素、性激素等。

2. 杀菌剂

杀菌剂是一类对病原菌起抑制或杀灭作用的药剂。杀菌剂根据其作用方式，一般可以分成内吸性杀菌剂和非内吸性杀菌剂两类。

（1）内吸性杀菌剂。能被作物的根、茎、叶吸收，并通过作物体传导至全株。因此，对侵入作物体或种子胚乳内的病害防治较为适用。这类药剂一般高效、持效期长、选择性强，但是易产生抗药性，成本较高，多数药剂对藻菌纲的真菌防效差，如托布津、多菌灵等。

（2）非内吸性杀菌剂。不能或很少能被作物吸收并传导，大部分有保护兼具治疗作用，一般杀菌谱广，不易产生抗药性。这类药剂多数只有在病原菌侵染作物以前施药才能收到好的防效，如代森锌、石硫合剂等。

杀菌剂除了根据作用方式分类外，还可以根据它们的化学结构和组成，分成有机磷、有机硫、有机砷、有机氯、杂环类、醌类、取代苯类等杀菌剂。

3. 除草剂

除草剂是一类用来防除农业和园艺杂草的药剂。根据其除草方式，一般分为选择性除草剂和灭生性除草剂。

（1）选择性除草剂。在一定的施用剂量范围内，只对一定种属的植物产生毒害，而对另一些种类的植物无毒或低毒，如丁草胺、杀草丹、敌稗等。

（2）灭生性除草剂。在常用剂量下，能杀灭所有被接触的植物，也称作非选择性除草剂，如草甘膦、五氯酚钠等。

两类除草剂并无鲜明界限，选择性和灭生性不是绝对的，关键在施用浓度和施用方法。例如选择性很强的敌稗，若在稗草长到四叶期以后处理，施用药剂浓度过大，也可杀死禾苗，成为灭生性除

草剂。反之，如五氯酚钠这样的灭生性除草剂，若使用适当，也可起到选择性的作用。

4. 植物生长调节剂

这类药剂对植物的生长和发育具有多种特殊的生物活性，有的能提高植物蛋白质或糖的含量，有的能改变植物形态，有的可增强植物抗旱、抗病、抗寒能力，有的能刺激植物提早开花，有的能促进植物发芽。其特点是用量极少、成本低、效益高。

（二）农药的剂型

农药的剂型种类较多，主要的剂型有乳油、粉剂、可湿性粉剂、颗粒剂等，另外还有水剂、悬浮剂等。

（1）乳油。制剂兑水后分散形成均匀的乳状液体，是一种常用的农药剂型。

（2）粉剂。供喷粉用的具有规定细度的粉状农药剂型，是一种常用剂型，由原药、载体、助剂，经称重、粉碎、混合而成。

（3）可湿性粉剂。易被水润湿并能在水中分散悬浮的粉状剂型。

（4）颗粒剂。由原药、载体和助剂加工而成的粒状农药剂型，其有效成分含量一般在1%～5%。

（5）水剂。农药原药的水溶液剂型，是有效成分以分子或离子状态分散在水中的溶液。

（三）农药的毒性

1. 农药的毒性分级

根据农药的半数致死量（LD_{50}）可将农药的毒性分为五级。

（1）剧毒农药。半数致死量按体重为1～50毫克/千克。

（2）高毒农药。半数致死量按体重为51～100毫克/千克，如氰化物、磷化铝等。

（3）中毒农药。半数致死量按体重为101～500毫克/千克，如乐果、叶蝉散、速灭威、敌克松、乙蒜素、菊酯类农药等。

（4）低毒农药。半数致死量按体重为501～5 000毫克/千克，如敌百虫、杀虫双、马拉硫磷、辛硫磷、二甲四氯、丁草胺、草甘膦、氟乐灵、苯达松、阿特拉津等。

（5）微毒农药。半数致死量按体重为5 001毫克/千克以上，如多菌灵、百菌清、乙磷铝、代森锌、灭菌丹、西玛津等。

2. 农药中毒的三个途径

（1）经皮。农药通过皮肤吸收引起中毒。主要原因是不按安全操作规程使用农药，如施药时不穿防护服、不戴手套施药、喷雾器漏水，导致药剂接触到人体皮肤而进入体内引起中毒。

（2）经口。农药经口进入消化道，在消化道内吸收引起的中毒，如误服农药或食用了农药残留量超标的食物均易引起中毒。

（3）吸入。农药经呼吸道吸入引起的中毒。很多具有熏蒸作用的农药和容易挥发成气体的农药，在使用或贮运不当时，都会被人体吸入而引起中毒。

（四）农药质量的鉴别

（1）从产品标签上判别。一个完整的农药标签应包括农药名称、规格、"三证"号、净重或净容量、生产厂名、地址、邮编和电话、使用说明、毒性标志、注意事项、生产日期或批号等内容。缺少任何一项内容，都应对产品质量产生怀疑。

（2）从产品包装上判别。农药产品包装破损、渗漏或包装表面残旧、字体模糊时，应对产品质量产生怀疑。

（3）从农药产品名称上判别。标签上的产品名称应当是中文通用名或合法商品名。但目前市场上农药产品的名称很乱，有的随意取商品名，有的随意加上全能、复方、高效等字样，这些都是非法名称。农药购买者应先仔细查看农药标签，凡是不能肯定农药所含成分名称的产品都不要轻易购买。

（4）从农药物质形态上判别。从物质形态上主要分为五类：

①粉剂、可湿性粉剂应为疏松粉末，无团块。如有结块或有较大的颗粒，说明已经受潮，不仅产品的细度达不到要求，其有效成分含量也可能发生变化。如果颜色不均，亦说明产品可能存在质量问题。②乳油应为均相液体，无沉淀或悬浮物，如出现分层或混浊现象，或者加水稀释后的乳液不均匀，有肉眼可见的漂浮颗粒、沉淀物，都说明产品质量可能有问题。③悬浮剂、悬乳剂应为可流动的悬浮液，无结块，长期存放可能存在少量分层现象，但经摇晃后应能恢复原状。如果经摇晃后，产品不能恢复原状或仍有结块，说明产品存在质量问题。④水剂应为均相液体，无沉淀或悬浮物，加水稀释一般不出现混浊沉淀，如加水后出现沉淀物说明产品有问题。⑤颗粒剂产品应粗细均匀，不应含有过多粉末或块状物，如出现结块或粗细、颜色不均说明产品有问题。

第四章　柑橘关键栽培技术

柑橘是芸香科柑橘属植物，花单生或2~3朵簇生，花萼不规则，花瓣通常长1.5厘米以内，雄蕊20~25枚，花柱细长，柱头头状，花期4—5月，果期10—12月。柑橘性喜温暖湿润气候，分布在北纬16°~37°，是热带、亚热带常绿果树。柑橘果树生长发育、开花结果与温度、日照、水分（湿度）、土壤、风、海拔、地形和坡向等环境条件紧密相关。柑橘生长发育要求温度为12.5~37℃，秋季花芽分化要求昼夜温度分别为20℃左右和10℃左右，根系生长的土壤温度与地上部大致相同。过低的温度会使柑橘受冻，甜橙-4℃、温州蜜柑-5℃时枝叶会受冻；甜橙-5℃以下、温州蜜柑-6℃以下会冻伤大枝和枝干；甜橙-6.5℃以下、温州蜜柑-9℃以下植株会冻死。柑橘对土壤的适应范围较广，pH 4.5~8均可生长，以pH 5.5~6.5最为适宜。柑橘根系生长要求较高的含氧量，因此质地疏松，结构、排水良好的土壤最适宜。

中国是柑橘的起源中心之一，也是世界上最重要的柑橘栽培国家之一，其柑橘种植历史已超过4 000年。全球有140多个国家和地区生产柑橘，主要分布在北纬35°以南地区。全球有23个国家柑橘产量超过100万吨，其中中国、巴西、印度、美国、墨西哥、西班牙、埃及、尼口利亚、土耳其和阿根廷的柑橘产量常年位居前十。柑橘是中国种植面积最大、产量最高的水果，主要分布在广西、湖南、湖北、广东、四川、江西、福建、重庆、浙江、云南、贵州、陕西、上海、海南、河南、安徽、江苏、甘肃等省（自治区、直辖市）。近年来，我国柑橘类果品快速发展，其栽培面积、生产量和人均消费量不断增加，出口量大幅度增加。2019年我国柑橘种植面积为261.73万公顷，产量为4 584.54万吨，2020年柑橘产量达5 121.87万吨。

一、柑橘种苗与栽植技术

柑橘栽培应根据区域特点来选择优良品种和砧木。四川盆地中部、南部、东部，三峡库区，云贵高原和攀西干热河谷地区适宜发展普通甜橙、脐橙、温州蜜柑、椪柑、杂柑和柠檬等品种。鄂西沿江区域适宜发展脐橙、温州蜜柑、椪柑等品种。江西、广东、福建、广西、湖南、台湾等柑橘产区适宜发展脐橙、普通柑橘、椪柑、柚类、杂柑、柠檬、金柑等品种。浙江等其他柑橘产区适宜发展温州蜜柑、椪柑、具有地方特色的柚类、杂柑等品种。适宜作为柑橘砧木的有枳、枳橙、枳柚、香橙、酸柚、红橘等，生产中需选择适合当地生态条件和抗病性、抗逆性强的砧木品种。

柑橘苗木应选择无病毒苗木、大苗、壮苗和容器苗。裸根苗一般在9—10月秋梢老熟后或2—3月春梢萌芽前移栽，容器苗适宜在3—10月栽植。冬季有冻害地区需要在春季栽植，干热河谷地区适宜在5—6月雨季来临时栽植。柑橘定植过程中应根据品种、砧穗组合、环境条件和管理水平等，按每亩（亩为非法定计量单位，1亩≈666.67米^2）栽植永久树计算，甜橙、杂柑和柠檬一般以30～60株为宜，宽皮柑橘以40～70株为宜，柚以20～40株为宜。

柑橘旱地栽植前宜挖壕沟或大穴，壕沟宽1～1.5米，深0.8～1米；或大穴直径1～1.5米，深0.8～1米。每立方米沟或穴填入作物秸秆、农家肥等30～50千克，与土壤混匀或分层回填。园地土壤缺乏磷、镁、钙等矿物养分，在回填时加入适量相应的矿物肥料。土壤pH小于5.5，回填时可加入适量石灰，土壤pH大于7，回填时可加入适量硫黄粉。沟穴回填4～6个月以后再栽植。栽植时将苗木的根系和枝叶适度修剪后放入定植穴中央，培土、扶正、踏紧，根颈露出地面5～10厘米，浇透定根水。

二、柑橘营养特性与施肥技术

（一）柑橘营养特性

柑橘为常绿果树，生理活动周年不息，抽梢次数多，果实生长期长，冬季也进行同化作用和花芽分化。因此，生产上根据柑橘生长特点，合理施用肥料，培育健壮果树，是实现柑橘优质高产的关键。柑橘生长所需要的养分主要通过根系从土壤中吸收，地上部叶片、枝梢、果实及树干等部位也能不同程度地吸收养分。根系吸收较多的元素是氮、磷、钾，钙、镁、硫，铁、锰、锌、硼等微量元素吸收较少。研究表明，1吨柑橘果实平均养分携出量为氮（N）1.89千克、磷（P_2O_5）0.5千克、钾（K_2O）2.76千克、钙（CaO）1.07千克、镁（MgO）0.31千克。柑橘果实氮、磷、钾含量分别约占整株柑橘氮、磷、钾含量的40%、50%和60%，所以每生产1吨柑橘果实需要消耗氮4.73千克、磷1千克、钾4.6千克，总养分量为10.33千克。

柑橘对所需养分的吸收，随物候期的变化而不同。新梢对养分的吸收，由春季开始迅速增长，夏季达到高峰，入秋后开始下降，入冬后基本停止；果实对磷的吸收，从仲夏逐渐增加，至夏末秋初达到高峰，以后趋于平衡。氮、钾的吸收从仲夏开始增加，8—9月出现最高峰。春季的4月到秋季的10月，是柑橘一年中需肥最多的时期，此时期若施肥不当，将导致春梢萌发时氮过剩，造成春梢徒长，降低坐果率。若后期氮过剩，造成晚秋梢不断发生，则会影响柑橘越冬。如果果实膨大期缺氮，则生理落果严重，果实小，产量低。过多施钾还会增加果皮厚度，影响果实品质。有学者提出宽皮柑橘类推荐施肥量为氮（N）200～300千克/公顷、磷（P_2O_5）100～150千克/公顷、钾（K_2O）100～200千克/公顷，甜橙类推荐施肥量为氮250～350千克/公顷、磷150～200千克/公顷、钾

150～250千克/公顷，柚类推荐施肥量为氮350～450千克/公顷、磷200～250千克/公顷、钾300～400千克/公顷。

柑橘生长发育过程中只有各元素在果树体内保持相对的动态平衡，才有利于果树各种代谢过程中对所需元素的吸收和正常生长。在柑橘施肥过程中，不但要注意补充柑橘必需而土壤缺乏的营养元素，还需要了解各营养元素之间的相互关系。当柑橘叶片氮含量高时，镁含量也会增多，施氮会促进镁的吸收和利用，而增施氮过量，则会抑制柑橘对微量元素锌、锰、铜、硼的吸收。

（二）柑橘施肥技术

柑橘施肥的目的是调节营养平衡，使营养生长和开花结果相协调，实现高产优质。柑橘施肥过程中以土壤施肥为主，配合叶面施肥。土壤施肥可采用环状沟施、条沟施和穴施等方法。下雨或灌溉前，可在土面撒施缓释复合肥或尿素等。有微喷和滴灌设施的柑橘园可进行灌溉施肥。在不同的生长发育期，可选用不同种类的肥料做根外追肥。

1. 幼树施肥

柑橘幼树施肥应勤施薄施，以氮肥为主，配合施用磷肥、钾肥。春梢、夏梢、秋梢抽生前或抽生期各土壤施肥1～2次，顶芽自剪至新梢转绿前叶面追肥1～2次。有冻害的地区，8月以后停止施用速效氮肥。1～3年生幼树单株年施纯氮100～300克，氮、磷、钾比例为1:（0.25～0.4）:（0.5～0.8），施肥量应由少到多逐年增加。

2. 结果树施肥

柑橘施肥量受柑橘园土壤肥力状况、品种、树龄、产量、树势、肥料特性及气候条件等因素的综合影响，一般以产果100千克施纯氮0.6～0.8千克，氮、磷、钾比例以1:（0.4～0.5）:（0.8～1）为宜，红壤果园适当增加磷、钾施用量。

（1）基肥（采果肥）。柑橘挂果期很长，一般为6～12个月，消耗养分多，树势衰弱。为了恢复树势，继续促进花芽分化，充实结果母枝，提高抗寒能力，为来年产量打下基础，采果后必须尽快施肥。施肥时间为10月下旬至12月中旬，此时气温下降，根系吸收养分能力下降，采果后应施足量的有机肥，配施适量的化肥，氮肥施用量占全年施肥量的20%～40%，磷肥施用量占全年施肥量的20%～25%，钾肥施用量占全年施肥量的30%。

（2）花前（萌芽）肥。花期是柑橘生长发育的重要时期，这时期既要开花，又要抽春梢。花质影响当年产量，春梢质量既影响当年产量，又影响来年产量。施花前肥是柑橘施肥的一个重要时期，为了保证花质良好，春梢质量高，主要施用速效化肥，一般在2月下旬至3月上旬施肥，以氮肥、磷肥为主，氮肥施用量占全年施肥量的20%～30%，磷肥施用量占全年施肥量的40%～45%，钾肥施用量占全年施肥量的20%。

（3）稳（壮）果肥。稳果期是柑橘生理落果期和夏梢抽发期，这时期施肥主要目的在于提高坐果率，控制夏梢突发，应避免在5—6月大量施用氮肥，否则易引起大量落果，影响当年产量，多采用叶面喷施0.3%尿素、0.2%磷酸二氢钾，并添加适当激素，10～15天喷施1次，喷2～3次能取得较好效果。壮果期果实不断膨大，形成当年产量，而且抽生秋梢，是良好的结果母枝，影响来年花量和产量；花芽分化一般也在9月下旬开始，直到翌年开花。所以壮果期是柑橘施肥的又一重点时期，主要施用速效化肥，施肥时间一般为7月至8月上旬，以氮肥、钾肥为主，配合施用磷肥，氮肥施用量占全年施肥量的40%～60%，磷肥施用量占全年施肥量的35%，钾肥施用量占全年施肥量的50%。土壤微量元素缺乏的柑橘园，应针对缺素状况增加根外追肥。

在柑橘施肥方案制订过程中，南方酸性土壤注意补充镁、钙、硼、锌等中微量元素，尤其是在春季柑橘萌芽前及开花前后补充硼和锌。另外，柑橘施肥原则为多施有机肥，做到有机肥和化肥配合施用，秋季未施用有机肥的晚熟柑橘园注意春季补施。对于土壤酸

化严重的果园，应施用适宜用量的碱性调理剂，改良土壤。柑橘施肥应与其他栽培技术结合，春季施肥前注意果树的整形修剪，尤其是发生冻害的柑橘园，要及时修剪枯枝，温度回升后尽早施用有机肥等促进根系生长和恢复树势；夏季易出现高温伏旱，提倡橘园使用生草覆盖和穴贮肥水技术，有条件的果园提倡使用水肥一体化技术。

三、柑橘整形修剪技术

柑橘高产优质栽培中要求树体主枝、骨干枝少，分布错落有致；小枝、枝组和叶片宜多，但互不拥挤；树冠丰满，叶幕呈波浪形。对接芽抽出的夏梢或秋梢在40～60厘米处短截或摘心进行柑橘树体定干，及时抹除主干上的萌蘖；对夏秋梢留8～10片叶，及时摘心，剪除直立向上、扰乱树形的枝梢。在选留主枝时，选择方位和角度适宜的强旺枝作为延长枝，对其进行中度短截，通过选择剪口芽的方向和短截程度控制延长枝的方向和生长强弱，其余枝梢原则上不修剪。当结果树冠达到一定高度时，应及时回缩或疏删影响树冠内膛光照的大枝；树冠交叉郁蔽前，及时回缩或疏删主枝延长枝，使株间和行间保持一定距离；随着枝组扩大交叉，应及时回缩或疏删部分枝组。

柑橘幼树期树体修剪以轻剪为主，注意调整主枝延长枝和骨干枝延长枝的方位及骨干枝之间生长势的平衡，对夏秋梢留8～10片叶，及时摘心。除对影响树形的直立枝、徒长枝或过密枝群做适当疏删外，内膛枝和树冠中下部较弱的枝梢均应保留。柑橘初结果期应继续选择和短截处理各级骨干枝延长枝，适当控制夏梢，促发健壮早秋梢。对过长的营养枝留8～10片叶，及时摘心，回缩或短截结果后枝组。抽生较多夏秋梢营养枝时，应对其短截部分枝条、疏删部分枝条和保留部分枝条。对秋季旺长树采用环割、断根、拉枝、控水等促花措施。柑橘盛果期应及时回缩结果枝组、落花落果枝组和衰老枝组，并剪除枯枝、病枝。对拥挤的骨干枝应适当疏剪使光照充足。当年抽生较多夏秋梢营养枝时，应分别短截和疏删其中一部分，花量较大时适当疏花、疏果。

四、柑橘花果管理技术

柑橘栽培中对于长势强旺的幼树或花量偏少的成年树应控制氮肥施用量，并在秋梢停长后进行控水、拉枝或断根处理，也可以选择在树冠喷施植物生长抑制剂，促进柑橘花芽分化。对于脐橙、温州蜜柑等无核、少核类且坐果率较低的品种，在谢花后1～4周，可用赤霉素、细胞分裂素6-BA等植物生长调节剂喷涂幼果。在常有30℃以上持续高温并伴随有干旱的地区，也可对花枝喷施赤霉素、细胞分裂素6-BA等植物生长调节剂，或剪除部分春梢营养枝，进行柑橘保花保果。对于长势较弱、来年是大年的植株或花量大、坐果率极低的品种，冬季修剪以短截、回缩为主，也可以在11月以后花芽分化期对树冠喷施赤霉素1～2次，现蕾期也需进行花前复剪，以达到控花的目的。在第二次生理落果结束后，为保证产量和品质，需根据叶果比进行疏果。为了防止裂果，果实膨大期应增施钾肥、钙肥，裂果高峰发生前1个月左右，裂果较为严重的品种可喷施10～30毫克/千克赤霉素。

五、柑橘病虫害识别与防治技术

（一）柑橘病害识别与防治技术

1. 柑橘黄龙病

（1）发生规律。柑橘黄龙病是目前对柑橘类作物影响最大的病害之一，本病由细菌引起，主要以柑橘木虱为传播媒介，有效控制果园柑橘木虱数量可控制果园黄龙病暴发。此外，带病苗木或带

病接穗是远距离传病的主因，往往使无病的新区变成病区。

（2）为害状。感病植株最典型的症状是新梢上出现黄化；叶片从叶脉附近、叶片基部和边缘开始黄化，逐步扩大，出现黄绿相间的斑块，随后叶片均匀黄化、脱落，抽生的新梢生长较弱。病株开花早而多，花细小畸形，极易落果。受害果实较小，果皮变硬，易脱落或早熟，不能形成商品果。地下部发病后表现为根系腐烂。

（3）防治方法。①严格执行检疫制度，严禁将病区的接穗和苗木引入新区和无病区。②建立无病苗圃，培育、移植无病壮苗。③加强果园栽培管理，增强树体抗病力。④及时处理病株，如发现带病幼树，应立即挖除烧毁，补植无病壮苗；轻病园中的结果树，可采用主干基部注射四环素进行治疗；重病园应考虑清园重建。⑤防治柑橘木虱，通过水肥管理控梢以减少木虱繁殖和传播；新梢期喷施1～2次杀虫剂，果园四周栽种防护林带，对木虱的迁飞也有阻碍作用。

2. 柑橘溃疡病

（1）发生规律。本病由细菌侵入引起，病菌在病部长期存活，借风雨、昆虫和枝叶交接做近距离传播，通过带病苗木、接穗和果实做远距离传播。病菌由气孔、皮孔和伤口侵入，高温多雨季节更有利于病害的发生与传播。甜橙、酸橙、柚和枳相对容易感病，柑和橘次之，金柑抗病。

（2）为害状。病菌可为害全株，包括枝梢、叶片及果实。感病后叶片上的病斑开始为黄色针头大的油浸状斑点，然后逐渐扩大并隆起破裂，最后病斑木栓化、灰褐色、近圆形、周围有黄色晕环；枝梢和果实上的病斑与叶片上的相似，但无明显晕环，严重时可引起落叶、落果，甚至枝枯。

（3）防治方法。①实施植物检疫，培育无病苗木，发现病株后立即烧毁是控制病菌传播、预防病害的主要措施。②冬季进行清园，剪除病虫枝叶后集中烧毁，并做好潜叶蛾等害虫的防治工作。为害柑橘新梢的害虫特别是潜叶蛾，会造成大量伤口，从而增加溃疡病病菌从伤口侵染的机会。③培养健壮树体，增强抗性，减施氮肥，增施磷肥、钾肥和有机肥，做好树盘覆盖，及时排灌，及时整枝，严格控制晚秋梢。禁止在雨天、霜露未干时进行修剪、抹梢、摘叶、采果等工作，防止人为传播病菌。④采收后或早春萌芽前结合修剪，将剪下的病虫枝、枯枝、衰老枝连同园内杂草、落叶、落果一起清除，将零星发病的病株挖除，并集中烧毁，修剪后对树冠认真喷1次1∶1∶100的波尔多液、0.5～1波美度的石硫合剂或45%晶体石硫合剂40～100倍液，以减少园内菌源。⑤防治重点应放在病菌最易侵入的嫩梢期、幼果期及大风大雨后。苗木、幼龄树以保梢为主，在春梢、夏梢、秋梢抽发期（新梢长2～3厘米）喷第一次药，间隔15～20天再喷1次，直至新梢老熟。结果树以保果为主，在谢花后10～15天喷第一次药，以后每隔15～20天喷1次，连喷3次。大风大雨后，要及时追加喷药，防止病菌从伤口侵入。药剂可选用以下任意一种：72%农用硫酸链霉素可溶性粉剂1 000～3 000倍液、50%代森铵水剂500～800倍液、14%络氨铜水剂300～500倍液、80%波尔多液可湿性粉剂400～600倍液。喷药时应做到仔细周到和轮换用药，以提高防治效果。

3. 柑橘脚腐病

（1）发生规律。柑橘脚腐病又名裙腐病，在各柑橘产区均有发生，是由多种疫霉属真菌侵染引起的一种病害，在高温多雨、土壤排水不良和树皮有伤口时发病严重。柑橘类中甜橙砧受害最重，红橘砧次之，枳和酸橙砧抗病性较强。

（2）为害状。本病主要为害植株根颈部位和根群，导致树势衰弱，产量下降，严重时整株枯死。病斑发生在近地面处，发病时期病斑呈水渍状，皮层变褐有酒糟味，并流出胶液；条件适宜时，病斑扩展迅速，造成根颈及根群腐烂。本病最初仅为害表皮，后扩展至形成层及木质部，外界条件适宜时可多次感染，并在受害植株发病的相应方向出现黄叶秃枝现象，常造成大量开花、结果、落果、果小、果味酸和果早黄；感病较轻的柑橘树虽然能结果，但病

菌侵入果实后，病果会有恶臭，当湿度较大时果上会出现一种白色的细霉，带病储藏的果实也有可能发病，降低果实品质。

（3）防治方法。①选用抗病砧木是一种经济有效的防治方法，幼树栽植时采用浅栽，露出接口或适当提高嫁接部位，同时注意排水、松土。②及时清除枯枝杂草皮，防治天牛、吉丁虫等枝干害虫，防止它们造成伤口留下隐患。③发现病株后检查确定发病部位，然后选择合适的时间用刀彻底刮除病皮，并将伤口削成平滑斜面，削口晾干后，涂1∶1∶10的波尔多液，暴晒2～3天后，再用新土将刮治的病部埋入其中，经过4～5个月病斑边缘便会发出大量新根而逐渐形成新根系，恢复树势；或在刮治病部后的根颈处喷施托布津、多菌灵，或者将病部泥土挖开，刮除病部后，将5%井冈霉素水剂原液用毛笔或毛刷涂于病部组织。

4. 柑橘疮痂病

（1）发生规律。本病是由半知菌亚门的真菌引起的，菌丝体在患病组织内越冬。翌年春季，当气温回升到15℃以上，并为阴雨高湿的天气时，老病斑上即可产生分生孢子，并借助水滴和风力传播到幼嫩组织上，萌发后侵入，潜育期10天左右，新病斑上又产生分生孢子进行再次侵染。

（2）为害状。病菌主要为害嫩叶、嫩枝、花萼、花瓣和幼果等，发病后叶片开始出现水渍状小斑点，后呈蜡黄色，随着叶片的生长，病斑扩大并逐渐木栓化，周围叶片组织呈圆锥形突起，叶面凹陷，叶背面部位突起呈圆锥形的疮，受害严重的新梢叶片出现早期脱落，天气潮湿时病斑顶部有一层灰色霉状物，有时很多病斑集合在一起，使叶片畸形扭曲。幼果在谢花后不久即可发病，果面出现褐色小斑，后扩大在果皮上形成黄褐色圆锥形，并产生木质化的瘤状突起。受害较轻的幼果多数发育不良，表面粗糙，果小、味酸、皮厚或成为畸形果；严重受害的幼果病斑密布，引起早期落果。

（3）防治方法。①实施检疫，新开柑橘园要采用无病苗木，防止病菌带入；加强肥水管理，培育强壮植株。②结合修剪，剪除病枝、病叶，并集中烧毁。③在每次抽梢开始时及幼果期均要喷药保护，在春梢与幼果时各喷一次药。第一次在春芽长至1～2毫米时喷药，保护新梢；第二次在落花2/3时喷药，保护幼果。可喷施以下药剂：77%硫酸铜钙可湿性粉剂400～800倍液、30%氧氯化铜悬浮剂600～800倍液、50%多菌灵·代森锰锌可湿性粉剂500～800倍液、14%络氨铜水剂200～300倍液、50%福美双可湿性粉剂600～800倍液等。

5. 柑橘流胶病

（1）发生规律。柑橘流胶病又叫树脂病，是一种真菌病害，一旦发生，治疗非常困难。本病主要为害主干，其次为主枝，一般不为害根部。种植过密，造成荫蔽、通风透光不良、土壤黏重、排水不良、氮肥施用过多，高温多雨季节时发病严重。除此以外，种植带病苗木、接穗也是导致该病发生的原因之一。

（2）为害状。其症状同脚腐病相似，病斑形状不定，染病部位表层树皮呈棕色，裂开并流出胶体；染病果树结出的果实个头小，转黄时间提前，味道酸。

（3）防治方法。①进行合理的栽培管理，注意及时排水。②树干涂白，使用植物油0.25千克、生石灰30千克、硫黄粉0.5千克、食盐0.6千克、杀菌剂0.25千克，加入适量清水混匀，并搅拌成白糊，涂抹有树干或枝条的发病部位。③对于发病植株可刮去病皮至木质部，拿脱脂棉蘸上药水涂抹到染病部位。可用药剂：50%多菌灵可湿性粉剂200倍液、2%春雷霉素水剂200毫克/升、64%杀毒矾可湿性粉剂100倍液等。

（二）柑橘虫害识别与防治技术

1. 红蜘蛛

（1）发生规律。红蜘蛛具有发生时间长、个体小、繁殖力强、代数多等特点。红蜘蛛冬季发生率低，春、夏、秋季发生较

高，为害重。

（2）为害状。红蜘蛛在叶片正反面均可寄生，主要为害叶、果及嫩梢，被害叶片往往失去光泽，呈灰白色，严重时会引起落叶、枯梢，幼果果蒂受害会引起落果。

（3）防治方法。①药剂防治，冬季采果后，普遍用1波美度的石硫合剂防治1次。春梢萌发后，嫩叶长0.5厘米时，喷施40%敌敌畏乳油1 000～1 500倍液、75%辛硫磷乳油1 000倍液。②冬季清园是降低红蜘蛛基数的最有效途径。通过修剪徒长枝、病虫枝、荫蔽枝，集中烧毁，并用杀虫剂、杀卵剂和杀菌剂进行清园，既可使天敌在休眠期得到保护，又能大大降低红蜘蛛的越冬数量。③加强果园水肥管理，避免偏施氮肥，注意增施有机肥和磷钾肥，增强树势，提高植株的抵抗力。

2. 蚜虫

（1）发生规律。为害柑橘的蚜虫种类较多，其中为害最重的是橘蚜、橘二叉蚜、绣线菊蚜等。柑橘蚜虫一年发生20个世代以上，以卵在枝条上越冬或以成虫越冬，越冬卵翌年3月开始孵化为无翅胎生若蚜。

（2）为害状。蚜虫主要为害柑橘的芽、嫩梢、嫩叶、花蕾和幼果，吸食汁液引起嫩叶皱缩卷曲，落花落果，新梢长势弱；还诱发煤烟病，影响树势。

（3）防治方法。①在蚜虫发生期，使用10%吡虫啉可湿性粉剂或0.3%苦参碱水剂等喷雾，治疗效果较好；当新梢被害较重时，可使用40%氧化乐果乳油2 000倍液、20%杀灭菊酯乳油3 000～5 000倍液。②及时抹除新梢减少成虫食物链，降低虫口基数；冬季修剪时，对被害枝及有蚜虫枝可以给予剪除。

3. 柑橘潜叶蛾

（1）发生规律。柑橘潜叶蛾又名潜叶虫、绘图虫、鬼画符，一年发生多代，以老熟幼虫和蛹在柑橘的秋梢或冬梢上越冬。

（2）为害状。幼虫可潜入柑橘嫩梢、嫩叶表皮下取食，形成白色弯曲的虫道，使叶片卷缩硬化。为害严重时，所有新叶卷曲成筒状，破坏光合作用，导致叶片早落，树体生长受阻，其伤口易感染病害。

（3）防治方法。①在秋梢多数萌发，芽长3～4毫米时第一次喷药，以后每隔7天喷1次，共喷2～4次。可喷施10%二氯苯醚菊酯溶液2 000～3 000倍液、2.5%溴氰菊酯乳油2 500倍液、25%杀虫双水剂500倍液、5%吡虫啉乳油1 500倍液。②冬季结合修剪，剪除被害枝梢并烧毁，以减少越冬虫口基数。

4. 柑橘木虱

（1）发生规律。柑橘木虱是柑橘类新梢期的主要害虫，也是柑橘黄龙病的传播媒介，成虫多在寄主嫩梢产卵，孵化出若虫后吸取嫩梢汁液，直至成虫羽化。木虱在柑橘黄龙病病株上取食、产卵繁殖，可产生大量带菌成虫，成虫通过转移为害新植株从而传播黄龙病。

（2）为害状。受害的寄主嫩梢可出现凋萎、新梢畸变等；木虱还会分泌出白色蜜露并黏附于枝叶上，能引发煤烟病。

（3）防治方法。①冬季气温低，越冬的木虱成虫活动能力差，可通过喷药杀灭，能有效减少春季的虫口。可用40%氧化乐果乳油1 000倍液、40%水胺硫磷乳油800倍液、0.5%果圣水剂500倍液。②加强栽培管理，使树势强旺，抽梢整齐，可降低木虱的发生概率。③于每次新梢抽发芽长3～4厘米时及时喷药。可选用95%灭幼脲水剂1 000倍液、20%氰戊菊酯乳油3 000倍液、2.5%溴氰菊酯乳油1 000～1 500倍液、44%多虫清乳油1 500倍液、2.5%鱼藤酮乳油500倍液。

5. 天牛类

（1）发生规律。为害柑橘的天牛类，主要有星天牛和褐天牛两种，以幼虫在根部或主干基部蛀食为害。

（2）为害状。受害后的植物根部或主干基部形成虫孔，外面常有黄白色木屑状排泄物，破坏输导组织，引起全树叶片发黄，甚

至死亡。

（3）防治方法。①5—8月晴天中午捕捉星天牛成虫，20:00—21:00捕捉褐天牛成虫。②幼虫蛀入木质部较深时，可用脱脂棉花浸40%乐果乳油5～10倍液塞入虫孔毒杀；塞药前应掏尽虫粪，施药后用石灰或黄泥封闭虫洞。③秋分及清明前后检查枝干，凡有虫粪者，可用钢丝刺杀幼虫。

第五章　香蕉关键栽培技术

香蕉是芭蕉科芭蕉属植物，热带地区广泛栽培食用，其果实味香、富含营养。植株为大型草本，矮型的高不超过3.5米，高型的高4~5米；叶长圆形至椭圆形，长2~2.2米，宽60~70厘米，先端钝圆，基部近圆形，两侧对称，叶面深绿色，无白粉，叶背浅绿色，被白粉；穗状花序下垂，由假茎顶端抽出，花多数，淡黄色，果序弯垂。香蕉在土层深、土质疏松、排水良好的地里生长旺盛，生长期一般需10~14个月，通气不良、结构差的黏重土或排水不良，都极不利于其根系的发育。香蕉喜高温高湿环境，生长温度为20~35℃，最适宜生长温度为24~32℃，最低生长温度不宜低于15.5℃。香蕉怕低温、忌霜雪，耐寒性弱，生长受抑制的临界温度为10℃，降至5℃时叶片受冷害变黄，1~2℃时叶片枯死。果实在低于12℃时即受冷害，催熟后果皮色泽灰黄，影响果实商品价值。

香蕉原产亚洲东南部，世界上栽培香蕉的国家有130个，以中美洲国家产量最多，其次是亚洲国家。我国香蕉主产区集中在广东、广西、云南、海南、福建，贵州、四川、重庆也有少量栽培。我国是世界第二大香蕉生产国和消费国，仅次于印度。我国除福建产区主栽当地特色的天宝蕉外，其他各大产区主栽品类和品种趋同，近几年主要栽培品类为香（芽）蕉和大蕉，香（芽）蕉主栽品种为巴西、南天黄、桂蕉1号、粤优抗1号、宝岛蕉等，大蕉主栽品种为粉蕉。香蕉产业经过不断调整，形成了以广西和福建为主的秋季优势产区，以云南为主的冬季优势产区，以及以海南和广东为主的夏季优势产区。2009—2019年，我国香蕉收获面积多在500万亩以上，但自2015年以来香蕉收获面积和产量呈现逐年下降趋势。2009—2019年我国香蕉年消费量在900万吨以上，最高值和最低值

分别为2015年的1 283万吨和2014年的909万吨。2019年我国香蕉种植面积为495.6万亩，产量为1 165.6万吨，2020年产量为1 151.33万吨，产量变化不大。

一、香蕉种苗与栽植技术

香蕉属于无性繁殖的果树，香蕉生产过程中可采用吸芽分株法、球茎切块法、吸芽快速繁殖法和组织培养法繁育种苗，其中大规模繁殖香蕉种苗以组织培养为主。香蕉组织培养种苗具有种纯优质、稳定可靠、整齐、繁育速度快、供苗量大等优点，而且种苗通过严格筛选和脱毒处理，属于无菌种苗。香蕉栽培中香蕉品种需根据市场需求情况和植蕉园地土壤条件而定，选择长出6~8片叶，假茎高大于12厘米，植株健壮，叶片青绿，经检验无病虫害、无变异症状的组培苗。

香蕉以春季栽植为主，其次是秋季，可结合当地自然条件、品种特性、肥水管理及市场需求等因素确定栽植时间。香蕉栽植株行距根据不同品种的树冠幅度和当地自然条件而定，一般为150~160株/亩，种植规格多为（2~2.2）米×2米。栽植前要将园地深犁25~35厘米，耙地碎土，起畦，一般采用一畦双行或单行种植方式，按株距进行挖穴，穴规格为山坡80厘米×80厘米×60厘米，平地60厘米×60厘米×60厘米，将基肥与表土混匀后回穴。定植尽量选择下午或阴雨天，定植时在植穴挖小洞，将蕉苗放入，覆盖部分土后，小心割破袋膜并抽出，并在假茎基部培土约2厘米，定植后浇透定根水。

二、香蕉营养特性与施肥技术

（一）香蕉营养特性

香蕉为大型多年生常绿草本植物，生长迅速，产量高、生物量大，生长发育期间需要吸收大量的养分。根据香蕉（以海南新植蕉为例）的生长发育及其吸收养分特点，香蕉整个生长期可划分为4个阶段：①香蕉营养体生长发育阶段，即香蕉的苗期，香蕉移栽后的前3个月，此阶段的生长量占总生物量的5%左右。②香蕉营养体-生殖体共同生长期初期，即移栽后第四至六个月，此阶段的生长量约占总生物量的20%。③香蕉营养体-生殖体共生盛期，即移栽后第六至八个月，此阶段的生长量占总生物量的30%～60%，生物量最大。④香蕉果实成熟和营养体衰老阶段，为移栽后的第九至十个月，此阶段的生长量占总生物量的30%～40%。

香蕉整个生育期吸收氮和钾的能力强，吸收磷的能力较弱。香蕉树体对氮、磷和钾的累积吸收规律表现为生长前期的吸收量小、累积速度慢，中期累积速度加快，后期又变缓。从香蕉营养体-生殖体共生营养初期开始（即移栽后第四个月），氮、磷和钾的累积量迅速增加。在香蕉营养体-生殖体共生营养盛期（即移栽后第六至八个月），氮、磷和钾的累积速度最快，累积量最大，香蕉抽蕾时氮、磷和钾的累积量占整个生育期的比例已分别增加到78%、56%和64%，到果实收获前2个月达到最高值。香蕉生长过程中氮、磷、钾施肥适量且充足时，可促进香蕉早抽蕾，增产效果显著。香蕉是典型的喜钾作物，在整个生育期对钾肥需求量最大，氮次之，磷最少，尤其是抽蕾期，对钾的需求达到最大。钾能促进香蕉坐果、提高果实品质，香蕉需钾量高于其他任何一种果树。钙、镁也是香蕉生长必不可少的中量元素，而且香蕉对钙和镁的吸收量还大于磷，尤其是在现蕾期到果实膨大期。

香蕉各生育阶段吸收的氮、磷、钾比例也存在一定差异，苗期需钾的比例最低，营养体-生殖体生殖期的需钾比例增大，从抽蕾期开始，需钾比例明显增加，并达到最大值。另外，香蕉生育期各阶段氮、磷、钾养分需求比例基本不受香蕉品种的影响。据华南农业大学肥料与平衡施肥研究室多年的研究，每株香蕉需要吸收氮（N）110克、磷（P_2O_5）35克、钾（K_2O）400克、钙（CaO）61克、镁（MgO）89克，每收获1吨香蕉果实从土壤平均带走氮1.6千克、磷0.44千克、钾5.75千克、钙0.25千克、镁0.41千克。

（二）香蕉施肥技术

香蕉的根系主要分布在土表以下0～20厘米，40～60厘米处有少量根系。施肥后肥料会随着雨水或灌溉淋洗到20厘米甚至40厘米以下，只有少量养分才能被吸收利用，为了使香蕉高产，生产上通常采用多次施肥、大量施肥的方式。香蕉的产量会随施肥量的增加而提高，但是过量施肥及不合理施肥也会导致产量降低。目前，香蕉生产中偏施氮肥的现象仍然普遍存在，氮、磷、钾养分配比不合适，造成营养平衡失调，使产量下降。因此，要做到合理施肥并使香蕉高产、优质，就必须使肥料施用时期及养分配比与香蕉生长需求相匹配。

1. 常规肥料施用技术

香蕉常规水肥管理中多采用"大水大肥"的模式，施肥次数20次以上。生产中常用的施肥方案有3种：①尿素、磷酸二铵（磷酸一铵）、硫酸钾（氯化钾）混施；②复合肥、硫酸钾（氯化钾）混施；③施用复合肥。现在多将肥料溶于水后，随灌溉水一起施用，肥水浓度1%～2%。

进行常规肥料施用时，不同生长期所使用的肥料也有所不同，具体如下。

（1）基肥。香蕉基肥多为有机肥和钙镁磷肥（或过磷酸钙），有机肥用量为1.5～2.5千克/株，磷肥150～200克/株，若选用钙镁磷肥，后期可考虑不施镁肥。

（2）调苗。肥料种类为尿素与磷酸二氢钾，或是高氮复合肥，植后约1周开始施用，每5～7天1次，每株浇1.5～2千克，共4～5次，肥水浓度为0.5%～0.8%。

（3）苗期。单株单次肥料用量为尿素50克、磷酸一铵（磷酸二铵）25克、氯化钾25克，或是复合肥（15-15-15）75克、氯化钾25克，或是复合肥（22-8-15）100克。在香蕉生长6～8片叶、假茎高40～50厘米时开始施用，每株增施硫酸镁50克，每10～15天1次，共4～5次。

（4）旺长期。单株单次肥料用量为尿素75克、磷酸二铵25克、氯化钾75克，或是复合肥（15-15-15）200克、氯化钾25克，或是复合肥（15-5-25）200克。在香蕉生长15～18片叶、假茎高130～150厘米时开始施用，每10～15天1次，共4～5次。另外，结合翻大头每株施用有机肥0.5～1千克。

（5）蕾期。单株单次肥料用量为尿素25克、磷酸二铵25克、硫酸钾（氯化钾）75克，或是复合肥（12-6-22）125克、硫酸钾（氯化钾）25克，或是复合肥（10-5-30）150克。在香蕉生长26～28片叶、假茎高210～230厘米时开始施用，每株增施硫酸镁100克和饼肥0.5～1千克，每10～15天1次，共4～5次。

（6）壮果肥。单株单次肥料用量为尿素25克、硫酸钾（氯化钾）75克，或是复合肥（12-6-22）75克、硫酸钾（氯化钾）25克，或是复合肥（10-5-30）100克。在香蕉抽蕾30%以上时开始施用，每10～15天1次，共1～2次。

另外，根据当地气候和土壤类型，在推荐肥料施用量的基础上增减15%左右。

2. 香蕉系列控释配方肥施用技术

香蕉系列控释配方肥是华南农业大学肥料与平衡施肥研究室综合平衡施肥理论与控释技术研发的产品，具有节肥省工、增产增收的效果。与普通肥料相比，施用控释配方肥可增产10%～15%，提

前10～15天收获。控释配方肥施用简单，每50～60天施肥1次，追肥4～6次，开沟施用和表施覆土效果相当。前两次最好结合翻小头、翻大头开沟施用，也可以采用半环状法或条状法施于株间；以后几次均采用半环状法，撒于距离蕉头40～60厘米处香蕉株间。控释配方肥在山地和沙土上每株用2～2.25千克，壤土上为1.5～1.75千克，留芽蕉苗期施肥量可减少30%～40%。

进行系列控释配方肥施用时，不同生长期所使用的肥料也有所不同，具体如下。

（1）基肥。同常规肥料施用技术。

（2）调苗。同常规肥料施用技术。

（3）苗期。单株单次施用苗期专用型控释配方肥（22-8-15）400～500克，在香蕉生长6～8片叶、假茎高40～50厘米时开始施用，同时增施硫酸镁50克。

（4）旺长期。单株单次施用旺长期专用型控释配方肥（15-5-25）600～750克，在香蕉生长15～18片叶、假茎高130～150厘米时开始施用。

（5）蕾期。单株单次施用蕾/果期专用型控释配方肥（10-5-30）450～600克，在香蕉生长26～30片叶、假茎高210～230厘米时开始施用，同时施用硫酸镁100克。

（6）壮果期。单株单次施用蕾/果期专用型控释配方肥（10-5-30）150～200克，在抽蕾达50%以上时或攻蕾肥45～50天后施用。

三、香蕉病虫害识别与防治技术

（一）香蕉病害识别与防治技术

1. 香蕉枯萎病

（1）发生规律。香蕉枯萎病是一种毁灭性病害，由尖孢镰刀菌古巴专化型侵染引起，1号小种主要为害粉蕉，4号小种为害粉蕉和香蕉。病菌主要侵染植株维管束，染病植株下部叶片和靠外的叶鞘呈现特异黄色。该病为土壤传播病害，种植病苗，水沟中丢弃的病株，挖砍病株的农具不消毒及灌溉是该病蔓延的主要原因。本病发病后较难根除，最根本的方法是选择无病区和抗病品种。

（2）为害状。受害叶片从老叶向新叶逐渐枯黄，叶片黄化先从叶缘开始，向中脉扩展，以至全叶发黄，或未及全叶发黄，病叶就迅速凋萎、倒垂，叶片颜色由黄变褐、干枯，倒挂在假茎上。假茎基部由外向内裂，直达心叶，并向上扩展。植株内部表现为球茎和假茎维管束呈黄色至黑褐色病变，先呈斑点状或线状，后期贯穿成条形或块状。根部木质导管变为红棕色，一直延伸至球茎内，后变黑褐色而枯死。

（3）防治方法。①严格实行检疫，严禁从病区调运种苗；定标前对蕉园土壤病原菌含量进行快速检测，确定病原菌含量不超标。②切断发病蕉园与非发病蕉园之间的灌溉水源和土壤联系，做好工具消毒工作。③采用预防为主、防治结合的香蕉枯萎病综合防控方法，首先选择抗病品种如宝岛蕉、南天黄等；其次是增施有机肥特别是生物有机肥，丰富土壤有益微生物群落；合理使用化肥，注重施用碱性肥提高土壤pH；栽培管理过程中尽量做到少动土、少伤根，防止病菌入侵。④发病蕉园如是水田蕉园可与水稻轮作，山地蕉园可与甘蔗或木本作物轮作，轮作期为3年以上。

2. 香蕉细菌性软腐病

（1）为害状。该病病原为一种细菌，发病初期香蕉叶片黄化，多从上中部叶片开始。球茎、花轴或假茎内部褐色、腐烂，伴有较多腐烂的汁液，部分严重受害植株假茎因腐烂而中空；假茎横切过夜后在横切伤口面上常有菌脓凝结，腐烂汁液具有明显臭味。植株发病迅速，一般出现症状后，1～2周全株发病，最终全株叶片呈灰褐色干枯倒挂在假茎上而死亡。

（2）防治方法。①由于种苗及其种苗基质可携带病菌，因此实行检疫、利用无土栽培方法培育无病种苗是阻止病菌远距离传播

的关键。②该菌为弱寄生菌，合理平衡施肥，增施有机肥，可以提高植株抗病性而有效延迟该病的发生和为害。③感病轻的植株可选用72%农用硫酸链霉素可溶性粉剂4 000~5 000倍液、30%DT杀菌剂500倍液或3%克菌康可湿性粉剂750倍液淋根。感病重的植株较难治疗应挖除，病株挖除后用0.2%福尔马林淋透植穴病土，接触病株的农具用5%福尔马林消毒。

3. 香蕉束顶病

（1）发生规律。香蕉束顶病也称为蕉公、葱蕉、虾蕉、龙头病，该病病原为香蕉束顶病毒，通过香蕉交脉蚜吸食病株后再吸食健株进行传染，机械摩擦和土壤线虫不能传播。香蕉整个生育期均可发病，在降水少、天气干旱的年份香蕉蚜虫繁殖较多，该病发生也就严重；在雨水多、天气潮湿的年份蚜虫死亡较多，病害发生较少；一般香蕉发病多，大蕉、粉蕉、龙牙蕉发病较少。

（2）为害状。植株发病后新抽出的叶片一片比一片窄小、硬直并成束丛生于假茎顶端，形成束顶的树冠和矮缩的植株；病叶硬而脆，易折断，叶脉呈现断断续续、长短不一的浓绿色条纹，俗称"青筋"；若孕蕾后期感病，则停止抽蕾；若在初穗期患病，则蕉蕾生长停滞，果轴不能下弯；后期感病虽能抽出花序，但雄花花瓣外卷，易脱落，花瓣边缘灰白色，内缘浓绿色；若现蕾时发病，可结蕉，但果实少而小，紧缩不开展，肉脆而无味；病株根系变紫色、腐烂，不发新根。

（3）防治方法。①加强检疫，选用无病的蕉芽或无毒的香蕉试管苗做种苗。②选择通风的园地，采用合理的种植方式和密度，加强肥水管理，创造不利于蚜虫滋生的环境，提高植株的抗病力。③彻底清除蕉园周围所有的病株、病蕉芽。④发现零星病株后，应先防治蚜虫，及时喷施50%抗蚜威可湿性粉剂2 000倍液杀蚜，然后将病株及病吸芽连球茎部分彻底挖除，清出蕉园外。

4. 香蕉花叶心腐病

（1）发生规律。香蕉花叶心腐病又称花叶病、心腐病，是由黄瓜花叶病毒香蕉株系和番茄株系侵染所引起的、发生在香蕉上的一种病害。蕉苗发病后，通过棉蚜等传播、蔓延。试管苗生长前期施用速效氮肥过多，植株旺长，抗性降低，往往导致病害严重发生。

（2）为害状。本病主要为害幼苗，造成幼苗叶片花叶、植株矮小，并产生花叶状茎心腐烂；成株期也可受侵染，叶片上出现褪绿的黄色不连续条纹或纺锤体状圈斑，随着叶片老熟，病斑逐渐变为黄褐色至紫黑色，最后变为坏死条纹或坏死圈斑，病情严重的则心叶黄化、腐烂，假茎纵切可见病部呈条状，横切则呈环状斑块。

（3）防治方法。参照香蕉束顶病防治方法。

5. 香蕉叶斑病

（1）发生规律。香蕉叶斑病是多种叶斑病害的统称，其中最常见的就是褐缘灰斑病、灰纹病和煤纹病。叶斑病主要为害香蕉叶片，使叶片不能正常进行光合作用，失去吸收养分的功能，严重者病叶达到叶片的90%。多雨潮湿季节，蕉园小气候湿度偏高，利于病菌繁殖和侵染，雨后持续高温，加速病情的发展。

（2）为害状。发病初期病斑呈短杆状，暗褐色，后扩展成长椭圆形病斑，大多单独存在，叶缘表面病斑数量比叶脉多。当大量病斑出现后，叶片迅速早衰，局部或全部枯死，病斑转为灰白色，雨季或秋季露水多时病斑正面产生大量灰黑色霉状物。

（3）防治方法。①冬季清除病叶、枯叶，集中烧毁，减少病原。②控制种植密度，雨季来临前，应剪除下部病叶、老叶，集中烧毁，增加蕉园内通风和光照，控制蕉园湿度。③根据香蕉生长发育需要，以增施有机肥为主，合理追施化肥，增强植株的抗病性。④当气候有利于病害扩展、病害严重发生时，应每15～30天喷施1次杀菌剂，可选择丙环唑、戊唑醇、氟硅唑、三唑酮、腈菌唑、醚菌酯、吡唑醚菌酯、苯醚甲环唑等，直至控制住病害为止。使用三唑类药剂时应避免触及幼果。

6. 香蕉黑星病

（1）发生规律。香蕉黑星病病原为香蕉大茎点霉，蕉园枯叶残株的病菌分生孢子是本病的初次侵染来源。分生孢子靠雨水飞溅传到叶片再侵染，叶片的病菌随雨水流溅传到果穗。叶片上斑点可见因雨水流动路径而形成的条状分布，果穗发病位置和程度也因病叶的雨水溅射和积聚量而异，故多雨季节发病严重。

（2）为害状。感病植株初期在叶面出现许多深褐色至黑色的小斑点，密集成堆，似煤烟状，从中脉至叶片边缘表现为条纹；随后斑点扩大，外缘有浅黄色晕圈，中央浅黄褐色或灰色。严重受害的叶片变黄，提前凋萎和枯死。被害青果多在果背弯曲处和果指上部表皮上产生许多散生或密集的黑褐色小粒、短条纹及圆形或椭圆形病斑。病斑边缘褐色，外围有浅黄褐色晕圈。果实成熟时病害加重，果表大面积变黑，病果不均匀地软熟，病部组织霉烂下陷且着生许多小黑点。

（3）防治方法。①注意蕉园卫生，及时割除衰老的病叶，清出园外集中烧毁，以减少侵染菌源。②叶片黑星病发生初期开始施药，以后根据病情控制程度及天气情况，每15～30天施1次药，在抽蕾率达80%时停止施药。抽蕾后每5天施1次果药，直至套袋。未抽蕾时施药种类有代森锰锌、百菌清、戊唑醇、肟菌·戊唑醇、氟吡菌酰胺·戊唑醇、氟硅唑、腈菌唑、嘧菌酯、吡唑醚菌酯、苯醚甲环唑、唑醚·氟酰胺等。③雌花开完后开始喷药，每隔10天喷1次，连续喷3次，套袋前喷药1次。可用药剂：75%达科宁可湿性粉剂600倍液、40%灭病威悬浮剂600～800倍液或50%多菌灵可湿性粉剂800倍液。

（二）香蕉虫害识别与防治技术

1. 斜纹夜蛾

（1）为害状。斜纹夜蛾属鳞翅目，夜蛾科，主要以幼虫为害。幼虫食性杂，且食量大，初孵幼虫在叶背为害，取食叶肉，仅留下表皮，3龄幼虫后造成叶片缺刻甚至全部吃光，并蚕食花蕾造成缺损，容易暴发成灾。幼虫体色变化很大，主要有3种：淡绿色、黑褐色、土黄色。

（2）防治方法。①及时清除蕉园杂草。②摘除卵块或捏杀死刚孵化的幼虫，对高龄幼虫可在清晨或夜间人工消灭。③在成虫发生期间，可将糖6份、醋3份、白酒1份、水10份、90%晶体敌百虫1份调匀，置于蕉园诱杀成虫。④虫害发生时可在傍晚或清晨幼虫活动时喷施10%高效灭百可乳油2 000～3 000倍液，也可在蕉苗根区撒3%米乐尔颗粒剂5～10克，可兼杀蝼蛄及蛴螬等。

2. 假茎象鼻虫

（1）发生规律。假茎象鼻虫属鞘翅目，在华南地区一年发生4代，世代重叠，各地整年都有发生。

（2）为害状。以幼虫在假茎内越冬，成虫畏阳光，常藏匿于受害的蕉茎最外1层或2层干枯、腐烂叶鞘下；有群聚现象，尤其夏季或冬季，常见成群聚藏于蕉茎近根部处的干枯叶鞘中；幼虫蛀食假茎，形成大量纵横交错的虫道，蛀孔流胶。受害株枯叶多，刮风易折枝和倒伏。

（3）防治方法。①加强香蕉园的管理，如施肥、护根、除草和去吸芽，能够提高香蕉的生长活力和香蕉对象鼻虫的抵抗能力。②由于香蕉象鼻虫主要是通过带虫植株的移栽、搬运进行扩散传播，因此要禁止带虫蕉苗输入新种蕉区。用无虫蕉苗种植，最好选用组培苗。③清洁蕉园，经常割除香蕉假茎外层腐烂叶鞘。在成虫的发生高峰期用40%毒死蜱乳油1 000倍液、2.5%高效氯氟氰菊酯乳油1 500倍液自上而下喷洒假茎，重点喷叶柄和腐烂叶鞘部分，可以有效杀死隐藏在叶鞘中的成虫和部分幼虫。

3. 红蜘蛛

（1）为害状。红蜘蛛也称皮氏叶螨，成螨附居于叶背，有群集性。若螨、成螨均吸食叶片汁液，以老叶为多，被害组织失绿变为灰褐色，严重时叶片正面也呈灰黄色。

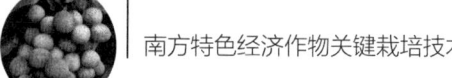

（2）防治方法。①及时清除蕉园内杂草，减少虫源。②可选用20%三氯杀螨醇乳油1 000～1 500倍液、20%螨克乳油1 500倍液或50%托尔克可湿性粉剂1 500～2 000倍液均匀喷雾叶背，亦可用螨危+阿维菌素防治。

4. 花蓟马

（1）为害状。主要为害花蕾和幼果，若抽蕾后未开苞已有蓟马钻入为害，会使幼果表皮上留下木栓化、顶端褐黑色的突起斑点，影响果实的外观。

（2）防治方法。①加强蕉园田间管理，减少园内外杂草。②掌握蓟马发生规律，及时施药防治，在抽蕾前，叶片上有蓟马发生时，要在叶片喷雾进行防治；香蕉现蕾时，即用20%吡虫啉可溶液剂1 500倍液，从抽蕾到断蕾每5天施1次。③可在蕾包没有打开时打蕾药，如240克/升螺虫乙酯悬浮剂和60克/升乙基多杀菌素悬浮剂。

5. 香蕉冠网蝽

（1）为害状。香蕉冠网蝽又名香蕉网蝽、香蕉花网蝽，属于半翅目，网蝽科。若虫、成虫在叶背吸食叶片汁液，使其出现浓密的褐斑，而在叶片正面出现花白斑点，受害叶片早衰易枯死。造成伤口，成为黑星病菌侵入的途径，导致黑星病发生。

（2）防治方法。①及时清除蕉园内杂草，减少虫源。②可用20%好安威乳油800～1 000倍液、42%阿维·毒死蜱乳油1 200～2 000倍液或20%康福多浓可溶剂3 000倍液进行药剂防治。

第六章 荔枝关键栽培技术

荔枝属无患子科荔枝属常绿乔木，果皮有鳞斑状突起，鲜红色或紫红色，成熟时呈鲜红色，种子全部被肉质假种皮包裹，花期春季，果期夏季，味香美，但不耐储藏。荔枝主产区平均温度20～23℃。荔枝对温度要求较为严格，生长发育期间要求高温高湿，最适生长温度为23～29℃，10～12℃生长缓慢，冬季短时间寒冷，可抑制营养生长，促进花芽分化。荔枝生长需要充足水分，要求年降水量1 200毫米以上，华南主产区年降水量1 500～1 800毫米。荔枝喜光，生长旺盛期及采果期前忌台风。荔枝对山地红壤、黄壤，平地沙壤土、冲积土及黏土均能适应，但以土层深厚、排水良好、土质疏松的酸性沙壤土为最佳。

荔枝原产我国南亚热带地区，野生荔枝起源于我国云南，我国也是世界上最早栽培荔枝的国家，与香蕉、菠萝、龙眼并称为"南国四大果品"。荔枝分布于我国西南部、南部和东南部，其中广东和广西种植面积最大。我国荔枝主要栽培品种有妃子笑、黑叶、怀枝、桂味、白糖罂、白蜡、鸡嘴荔、糯米糍、双肩玉荷包、灵山香荔、三月红、大红袍、进奉、贵妃红、兰竹、无核荔、钦州红荔、紫娘喜、褐毛荔、大丁香等。2018年全国荔枝产量为302.81万吨，同比增长26.47%，创历年新高。2019年、2020年全国荔枝产量分别为184.84万吨和255.35万吨。2021年全国荔枝面积为792.61万亩，其中广东和广西分别为394.93万亩和306.08万亩，荔枝产量约为281.41万吨，较2020年增长10.21%。

一、荔枝种苗与栽植技术

荔枝栽培中应选择适应当地土壤和气候条件、优质、高产、稳产、抗逆性强、商品性好、适应市场需求的品种。定植时间宜在春季或秋季，多采用宽行窄株或近正方形定植，一般种植株行距为4~5米和5~6米。我国荔枝园多属贫瘠红壤丘陵山地，有机质含量低。通常在定植前2个月左右挖好深、宽各70~80厘米的定植穴，穴底填施绿肥、厩肥等。定植时每穴施用腐熟堆肥25千克左右，混匀，然后盖表土移栽荔枝苗。定植后1~2年可在树盘覆草，厚度15~20厘米，行间可距离荔枝树1米以上间种绿肥、牧草、豆科作物等。

二、荔枝营养特性与施肥技术

（一）荔枝营养特性

荔枝为亚热带常绿果树，树干粗大，枝叶茂密，根系发达，全年无自然休眠期，根系吸收养分能力强。荔枝全年要抽多次新梢，其中夏梢和秋梢是结果母枝，需要的营养物质相对较多，树体营养状况、树势表现与产量密切相关。

荔枝树体各器官氮、磷、钾含量以花器官最高，叶片其次，根系最低。荔枝花芽分化于秋、冬季节，花型有雄花、雌花、两性花和变态花4种，只有雌花和两性花能结果。荔枝花器官氮、磷、钾比例为1:0.27:0.72，荔枝花量大，花器官在长达100~120天的发育过程中需要消耗大量养分。嫩梢和老枝上的叶片养分含量差异较大，嫩梢叶片大中量元素含量为氮>钾>磷>钙>镁，微量元素含量为锰>硼>铁>锌>铜>钼；成熟秋梢大中量元素含量为氮>钙>钾>镁>磷，微量元素含量与嫩叶的类似。荔枝叶片中氮、磷、钾含量也随着生育期变化而呈波动状态，其中开花期、幼果膨大期和秋梢抽生期的叶片养分含量处于最低值，7月果实采收后，叶片氮、磷、钾含量又得到回升，至8月由于抽发新梢的养分消耗，叶片氮、磷、钾含量又再次下降；枝梢花芽分化前的11月，叶片氮、磷、钾又得以恢复和积累，并达到最高点，冬季是一年中叶片养分含量最高、最稳定的时期。荔枝开花前叶片氮含量低，将会影响成花和花序形成，一般在荔枝开花或采果时叶片含氮量高，则产量高，采果时叶片钾含量高，产量也高，而且果实甜度增加。

荔枝根系氮、磷、钾含量均低，尤其是在2—6月花器官发育至果实发育期间，干旱和低温的冬季根系吸收能力弱，而且春季根部储藏的养分运往地上部供应生长和开花结果，导致根系养分含量最低。荔枝果实大中量元素含量一般为氮＞钾＞磷＞钙＞镁，微量元素为硼＞锰＞铁＞锌＞铜＞钼，果实发育阶段不同，养分含量也存在差异。果实发育前期需氮量较多，后期需钾量较多。在幼果期含氮量最高，磷、钾含量相对较低，当假种皮、果肉迅速发育后，各种营养元素含量急剧增加。果实成熟时，不仅氮、磷、钾含量增加，而且磷、钾，尤其是钾的比例明显升高。有研究表明，采收1 000千克荔枝鲜果，需要从土壤带走氮1.356～1.886千克、磷0.318～0.494千克、钾2.082～2.522千克。

（二）荔枝施肥技术

荔枝不同树龄和生育期对营养需求不同，施肥时期和施肥量与品种、产量、长势和土壤条件等因素相关。荔枝秋梢生长与发育阶段施肥目标为恢复树势、培育结果母枝，以氮素营养为主，磷、钾为辅，补充中微量元素；花芽分化与开花阶段施肥目的为促进花芽分化和促花保花，以磷、钾为主，氮为辅，并注意补充硼肥；果实生长发育与成熟阶段施肥目的为保果和促进果实膨大，以氮、钾为主，注意补充钙肥。通常采取"以产定肥"来确定施肥量，广东提出以每产100千克鲜果年施肥量为氮（N）1.38千克、磷（P_2O_5）0.8

千克、钾（K$_2$O）1.5千克为适宜。广西提出以每产100千克鲜果年施肥量为氮1.6~1.9千克、磷0.8~1千克、钾1.8~2千克为适宜。

1. 幼年树施肥

幼年树栽培管理最主要的目的是培养树势，积累营养。荔枝幼树养分需求很低，吸水吸肥能力较弱，施肥以勤施薄施为原则，施肥量随着树龄增加逐渐增多。幼树移栽后一个月左右可以长出新根，此时可以开始施追肥，一般年施4~6次。第一年每株施氮12~15克，第二年每株施氮25~50克，同时配施适量的磷肥、钾肥及每年每株施有机肥5~10千克。

2. 结果树施肥

荔枝进入结果投产期后，施肥主要目的为保证当年果实丰收，并保证采果后树体尽快恢复，培养健壮秋梢作为下一年的结果母枝。按荔枝年物候期，通常12月至翌年1月花芽分化，2—4月开花，5—6月果实发育，6—7月成熟采收，8—9月秋梢抽生，10—11月秋梢老熟。一般建议结果较少树：每株施有机肥5~10千克，氮肥0.4~0.6千克，磷肥0.1~0.15千克，钾肥0.3~0.5千克，镁肥0.05千克。结果盛期树（株产50千克左右）：每株施有机肥10~20千克，氮肥0.75~1千克，磷肥0.25~0.3千克，钾肥0.8~1.1千克，钙肥0.25~0.35千克，镁肥0.07~0.09千克。

不同生长期所施用的肥料有所不同，具体如下。

（1）促花肥。主要是增强开花前树体营养，促进花芽分化，使花穗发育健壮，增加雌花数量，减少落花和有过发育后的第一期生理性落果。此次肥料宜在开花前10~20天施用。一般认为，早、中熟种宜在1月上旬"小寒"前后施用，迟熟种宜在1月下旬"大寒"前后施用。此次施肥应注意氮肥、磷肥、钾肥配合施用，氮肥、钾肥施用量占全年施肥量的20%~25%，磷肥施用量占全年施肥量的25%~30%，钙肥、镁肥施用量占全年施肥量的30%。

（2）壮果肥。主要起补充因开花而引起的树体养分消耗，促进果实发育，保果壮果，提高果实品质，减少第二期生理性落果等作用。此次施肥宜在开花后至第二期生理性落果前施用，早熟品种在4月上旬左右施用，迟熟品种在5月下旬左右施用。此时期施肥需要适当增加钾肥，其施用量占全年施肥量的40%~50%，氮肥、磷肥占全年施肥量的30%~40%，钙肥、镁肥施用量占全年施肥量的40%。

（3）促梢肥。主要起补充因结果而引起的和采果后的树体养分消耗、促进树体恢复，适时萌发秋梢作为翌年的结果母枝等作用。此次施肥对早熟种、健壮树需在采果后施用，对晚熟种、弱树和挂果多的树宜提前在采果前10~15天施用。此次氮肥施用量占全年施肥量的45%~55%，磷肥、钾肥施用量占全年施肥量的30%~40%，钙肥、镁肥施用量占全年施用量的30%。

此外，荔枝始花期、幼果期和果实膨大期还可进行根外追肥，喷施0.5%尿素和0.2%磷酸二氢钾混合溶液（可添加展着剂，促进养分吸收，也可以结合杀虫农药施用）。在冬至左右对果园进行深翻断根，施用有机肥改土和修筑园埂，提高果园保水保肥能力（断根可抑制冬梢萌发，有机肥促进母枝充实健壮）。缺硼和缺钼的果园，在花前、谢花及果实膨大期喷施0.2%的硼砂和0.05%的钼酸铵，在荔枝梢期可喷施0.2%的硫酸锌或复合微量元素。pH小于5的果园每亩施用100千克石灰。

三、荔枝整形修剪技术

荔枝幼树一般采用多主枝自然圆头形或多主枝自然半圆头形，在定植后2~3年内完成整形。定干高度40~60厘米，选留分布均匀、长势均衡的主枝3~4条，主枝与主干的夹角以45°~60°为宜。每一主枝距离主干30~40厘米处选留副主枝2~3条，并按副主枝的修剪方法培养各级结果枝组。幼树的修剪和整形同步进行，用摘心、短截、疏删、抹芽等方法抑制枝梢生长和促进分枝。

结果树修剪主要包括采果后修剪和抽梢期修剪，用摘心、短

截、疏删、除萌等方法，合理剪除过密枝、荫枝、弱枝、重叠枝、下垂枝、病虫枝、落花落果枝、枯枝等，保留阳枝、强壮枝及生长良好的水平枝。对位置较好且具有一定空间的侧枝可适当短截，对生长过旺的枝条可在枝条基部环割，衰老大枝可适当回缩。

四、荔枝花果管理技术

荔枝栽培中需进行科学的肥水管理，促使优良秋梢适时老熟后不再抽生冬梢，促进果实开花。可选用晒根、短根、环割、环扎、人工摘除、化学药物控杀等方法严格控制冬梢抽生。

对于花量大的品种，在花穗抽生5～10厘米时应及时疏删或短截花穗，或喷施150～300毫克/升的乙烯利调控花穗发育为短花穗，提高雌花比例，并依据树势、品种、结果母枝粗壮程度和叶片数确定每枝条留花量，一般为1 000～1 500朵。对于结果过量的树体，在第二次生理落果后需进行人工疏果，去除小果、畸形果和过于分散的果，并依据树势、品种、结果母枝粗壮程度和叶片数确定每枝条留果量，一般为20～30个正常果。为了保花保果也可使用荔枝保果素等植物生长调节剂，并按照使用说明规定浓度、方法和要求进行喷施。

五、荔枝病虫害识别与防治技术

（一）荔枝病害识别与防治技术

1.荔枝炭疽病

（1）发生规律。本病由半知菌亚门真菌侵染所引起，是发生在荔枝上的常见病害。病菌以菌丝体在病部越冬，靠风雨传播。病害在13～32℃均可发生，最适发生温度为22～29℃，在高温高湿的天气、新梢嫩叶期、幼果期、果实过熟期发病严重。荔枝品种中，桂味、糯米糍等品种易感病，而三月红、黑叶、水东等品种发病较轻。

（2）为害状。发病时叶片受害，多从叶尖开始，先在叶尖出现黄褐色大斑块，然后迅速向叶基部扩展，呈烫伤状斑，严重时整个叶片出现褐色大斑块，健、病部界限分明。前期病部叶面和叶背均为深褐色；后期病部叶面为灰白色，叶背仍为褐色；潮湿时，叶背病部出现黑色小粒点。病害多在雨季高温高湿、连绵阴雨天气出现，嫩叶边缘和叶内先出现针头状褐色斑点，后变为黄褐色的椭圆形或不规则的凹陷病斑，初期有不明显轮纹，后期病部呈黑褐色，叶背病部产生深黑色小斑点，病斑易破裂。嫩梢受害，顶部呈萎蔫状，后枯心，病部呈黑褐色，严重时嫩叶枯焦，整条嫩梢枯死。花穗被害，花穗变褐枯死。近成熟的果实及采收后的果实受害，在果面出现黄褐色小点，后变成近圆形或不定形的褐斑，边缘与健部分界不明显，中央出现橙色黏质小颗粒，果实变质、腐烂、发酸。

（3）防治方法。①加强栽培管理，增施有机肥和磷肥、钾肥，提高植株抗病力。②搞好排灌系统，防止果园积水，降低荔枝园的湿度。③采收后及时把病虫枝、弱残枝、荫蔽枝、过密枝剪除，并集中烧毁，减少病原，经常保持树冠通风透光。④经采果后修剪和冬季清园后，各喷1次40%灭病威悬浮剂500倍液，减少病原。⑤在新梢嫩叶期、抽蕾期、坐果至幼果期，根据天气情况用药保护1～3次。有效药剂有75%百菌清可湿性粉剂600～700倍液、6%氯苯嘧啶醇可湿性粉剂400倍液、50%扑霉灵可湿性粉剂500～1 000倍液、60%炭疽灵可湿性粉剂800～1 000倍液喷雾。果实近成熟至成熟期，用3%克菌康可湿性粉剂1 000～1 200倍液或4%农抗120水剂（果树专用型）600～800倍液喷雾。

2. 荔枝溃疡病

（1）发生规律。荔枝溃疡病又名干癌病、粗皮病，老荔枝园发病多且受害重。本病为害主干及大枝，为害严重时，连直径1厘米的小枝也受害。病菌靠风雨、昆虫传播，从伤口入侵，在高温高

湿天气容易流行。

（2）为害状。发病初期病部表面失去光泽，以后患部逐渐皱缩，粗糙龟裂，出现很多突起的瘤状物，在主干随着龟裂的扩大、加深，部分皮层翘起或剥落，严重时病害向深层扩展，延及木质部，木质部变成褐色，使患部以上枝条枯死，叶片脱落，全株树衰退，甚至死亡。

（3）防治方法。①结合果树修剪与清园，剪除感病枝，清除杂草、落地病枝叶，并集中烧毁；疏除过密枝、荫蔽枝、弱枝，使树冠通风透光，减少发病率。②及时刮除主干或主枝病部，涂药防治，药剂有77%可杀得可湿性粉剂50倍液、50%扑霉灵可湿性粉剂50倍液、30%氧氯化铜悬浮剂50倍液、10%绿帝乳油40～60倍液。如发现侧枝感病，可喷77%可杀得可湿性粉剂400～600倍液、50%扑霉灵可湿性粉剂500～1 000倍液、40%灭病威悬浮剂600～800倍液。

3. 荔枝酸腐病

（1）发生规律。荔枝酸腐病是由白地霉荔枝酸腐病菌或荔枝果实酸腐病菌侵染所引起。病原菌在病部越冬，但在高温高湿的条件下，会产生分生孢子，并靠风雨和昆虫传播，从而入侵到果肉吸取养分，并分泌酶分解熟果的薄壁组织，致使果肉腐烂，不堪食用。

（2）为害状。本病为害成熟果实，多从有伤口处开始发病，发病初期病部呈褐色，后期渐变为近圆形或不定形的暗褐色病斑，且病部逐渐扩大至全果，使全果变褐腐烂，果肉腐烂酸臭，潮湿时病部上着生白色霉状物。

（3）防治方法。①结合冬季清园，彻底清除落地病果，并集中烧毁，减少病原。②在果实期，特别是近成熟至成熟阶段，注意防治荔枝蝽、蛀蒂虫等为害果实的害虫。③采果前喷30%氯菌唑可湿性粉剂1 000～1 200倍液、75%百菌清可湿性粉剂500倍液、50%施保功可湿性粉剂1 000～1 500倍液喷雾。

4. 荔枝霜疫病

（1）发生规律。本病病原是荔枝霜疫霉菌，病菌以菌丝体和孢子在病斑组织中越冬，由风雨将孢子传播到叶片、花穗、幼果、果柄和结果的小枝上，并萌发形成游动孢子，或直接萌发为芽管，成为病害的初次侵染来源。病菌初次侵入后2～3天即可发病，病部再生孢子囊，继续为害。

（2）为害状。此病为害叶片、嫩叶，形成不规则淡黄绿色至褐色病斑；湿度大时，病部正、背面均长出白色霉状物；老叶多沿中脉断续出现褐色小斑点，扩展后成为不规则的淡黄色病斑。花穗发病，花穗变褐腐烂，病部产生白色的霉状物。果柄和结果小枝发病，病斑褐色；果园湿度大时，病斑表面长出白色霉状物。果实发病，病害可在果实的任何部位发生，但多从果蒂开始发病，发病初期果面先出现不规则的褐色至暗褐色病斑，数日后病斑扩展；遇潮湿天气，病斑表面长出白色霉层，并迅速扩展至全果，果面变为暗褐色至黑色，果肉糜烂发酸，果皮易裂，有褐色的汁液流出。

（3）防治方法。①新建果园，选择土壤疏松、排水良好且向阳的地块为园地。对现成果园注意深耕培土，增施有机肥，改善园土结构，有利于果树生长，提高抗病力，并挖沟培畦，利于排水，降低湿度，减少发病率。②修枝和清洁果园，采果后，把树冠上的病虫枝、荫蔽枝、弱枝剪去，清除枯枝落叶、病果、烂果，并集中烧毁。③采果清园后，全园喷施1次波尔多液。对发病严重的果园，在抽蕾期、幼果期、果实近成熟至成熟期，各喷药1～2次，多雨时要在晴天喷药保护。药剂可选用25%甲霜灵可湿性粉剂600～800倍液、70%代森锰锌可湿性粉剂600～1 000倍液、66.5%霜霉威水剂800～1 000倍液、50%烯酰吗啉可湿性粉剂600～800倍液。

5. 荔枝煤烟病

（1）发生规律。可引起荔枝煤烟病的病原菌有多种真菌，多为表面附生菌，病菌形态各异，但菌丝体为暗褐色，在寄主表面形

成无性繁殖体。此病病原以菌丝体、分生孢子器和闭囊壳等在病部越冬，翌年在温湿度适宜的条件下，繁殖出孢子，并借风雨传播至荔枝树上，以介壳虫、蚜虫、粉虱、白蛾蜡蝉、叶瘿螨等害虫的分泌物为营养生长繁殖，辗转传播、侵染、为害。

（2）为害状。植株的叶片、枝梢、果实受煤烟病病原侵害后，其表面产生一层暗褐色至黑褐色霉层，以后霉层增厚成为煤烟状。由于病原种类不同，后期霉状物各异，如霉层上散生黑色小粒点（即分生孢子器或闭囊壳）或刚毛状长形分生孢子器突起物，严重发生该病的果园，树冠如被盖上一层煤烟。

（3）防治方法。①加强肥水管理，适度修剪，使树冠通风透光，增强树势，减少发病率。②用药防治介壳虫、蚜虫、蝉类等刺吸式口器的害虫，减少致病虫源。③对发病较重的果园，喷施30%氧氯化铜悬浮剂500～600倍液、77%可杀得可湿性粉剂800倍液、50%多菌灵可湿性粉剂600～800倍液或0.5%波尔多液。

6. 荔枝叶斑病

（1）发生规律。荔枝叶片上常见的叶斑病有褐斑病、灰斑病、白星病、叶尖焦枯病等。本病病原以分生孢子在病叶或落叶上越冬。分生孢子是初次侵染的主要来源，借风雨传播，在温湿度适宜的条件下，孢子萌发侵入叶片为害。

（2）为害状。①褐斑病也称壳二孢褐斑病。初期产生圆形或不规则形的褐色小点，病斑扩大后，叶面病斑中央灰白色或淡褐色，边缘褐色，叶背病斑淡褐色；后期病斑上产生小黑点，常数个病斑愈合成不规则大病斑，蔓延至叶基，引起落叶。②灰斑病也称多毛盘孢灰斑病、叶斑病，病斑多从叶尖向叶缘扩展。初期病斑圆形至椭圆形，赤褐色，后渐扩大，常有数个斑愈合成不规则大病斑，后期病斑变为灰白色，病斑的正、背两面散生黑色粒点。③白星病也称叶点霉灰枯病。初期叶面产生针头大小圆形的褐色斑，后扩大为灰白色，边缘褐色，斑点上面生有数个黑色小粒点；叶背病斑灰褐色，边缘不明显，病斑周围有时出现黄晕。

（3）防治方法。①加强栽培管理，增施有机肥，合理施肥，及时排除果园积水，清除园间杂草、枯枝落叶，对老弱果树要更新复壮，以提高植株抗病能力，减少病原。②对发病较重的果园，冬季清园后，全园喷施1次0.5%～0.8%波美度石硫合剂。在夏、秋季发病初期，用77%可杀得可湿性粉剂600～800倍液、50%扑霉灵乳油500～1 000倍液、30%氧氯化铜悬浮剂500～600倍液、75%百菌清可湿性粉剂500倍液、50%多菌灵可湿性粉剂700～800倍液、70%甲基托布津可湿性粉剂800倍液、70%代森锰锌可湿性粉剂500～600倍液，7～10天喷1次，连喷2～3次。

（二）荔枝虫害识别与防治技术

1. 荔枝蝽

（1）发生规律。荔枝蝽成虫体近似盾形，黄褐色，以成虫越冬于树冠浓密的树上或屋檐下，翌年3月春分前后才上枝梢或花穗活动取食，交尾1～2天后即开始产卵，但以4—5月产卵最盛。卵多产于叶背，约占80%。卵期与温度相关。

（2）为害状。主要为害荔枝、龙眼等无患子科植物。成虫、若虫均能刺吸嫩梢、花穗、幼果汁液，导致落花落果；受惊扰时，射出臭液自卫，臭液射在花蕊、嫩叶及果壳上，会使果壳变成焦褐色。大规模发生时严重影响荔枝产量。

（3）防治方法。①抓住荔枝蝽抗药性最差时进行喷药防治。3月春暖时，越冬成虫活动交尾，抗药性下降，此时喷90%晶体敌百虫防治效果好。②在4—5月低龄若虫发生盛期，喷20%杀灭菌酯乳油2 000倍液或2.5%溴氰菊酯乳油3 000～4 000倍液，喷1～2次。③利用天敌平腹小蜂防治荔枝蝽。每年早春在荔枝蝽刚产卵时开始放蜂，每隔10天放1次，连放3次。

2. 荔枝蒂蛀虫

（1）发生规律。荔枝蒂蛀虫是荔枝的主要害虫之一，其幼虫常常会钻进荔枝的内部，同时也会侵害到荔枝的花穗、嫩芽中，从

而影响荔枝产量和质量。荔枝蒂蛀虫的发展和天气有密切关系，尤其是和降水量有直接的关系，当地区的降水量较少，同时温度较高时，荔枝蒂蛀虫的数量就会急剧增多。一般在6月上旬，荔枝蒂蛀虫数量开始增多，在7月时，就会达到为害的高峰期，随后其数量开始不断减少，但对于荔枝为害依然较大。通常在地势较为低洼、空气环境较为潮湿的果园中，为害较大。

（2）防治方法。①保护天敌，第二次生理落果高峰之前和采果之后，充分利用寄生蜂的自然控制作用，不要喷药。②在为害严重的地区，依荔枝栽培品种的物候期，在第二次生理落果高峰后期开始进行发生期的预测预报，掌握采果前各代成虫的羽化进度，当进度达40%和80%时喷药。药剂用25%杀虫双水剂500倍液混合90%晶体敌百虫800倍液喷雾，可兼治荔枝蝽若虫，重点喷果穗和内膛枝干。

3. 卷叶蛾类

（1）发生规律。为害荔枝的卷叶蛾有拟小黄卷叶蛾、灰白卷叶蛾、圆角卷叶蛾、后黄卷叶蛾、褐卷叶蛾等多种，为害荔枝等多种果树的叶片、花穗、果实。卷叶蛾世代重叠，越冬虫态有幼虫、蛹和成虫，一般幼虫在叶苞内越冬较多，成虫多清晨羽化，羽化后当晚即可交尾产卵，卵块产在叶正面的主脉附近。

（2）防治方法。①在成虫产卵盛期和幼虫期，检查植株，摘除卵块和虫苞，集中烧毁，减少虫源。②结合修剪，剪除病虫枝叶；冬季清园，扫除园内枯枝落叶；清除杂草，减少越冬虫口基数；科学管理，促使新梢抽发整齐，减轻为害。③利用该虫具有趋光的习性，在成虫盛发期设置黑光灯诱杀成虫。④注意抽梢期、抽蕾期，低龄幼虫期适时喷药，可用20%虫酰肼悬浮剂1 000～2 000倍液、10%氯氰菊酯乳油1 500～2 000倍液、40%乙酰甲胺磷乳油500～600倍液喷雾，或在幼虫孵化盛期用25%灭幼脲悬浮剂1 000～2 000倍液、0.26%绿宝清水剂500～700倍液。

第七章　龙眼关键栽培技术

　　龙眼是无患子科龙眼属常绿乔木，具有营养价值高和经济效益好等特点。龙眼树通常高大，小枝粗壮，散生苍白色皮孔，果近球形，通常黄褐色或有时灰黄色，外面稍粗糙，或少有微凸的小瘤体，花期春、夏季，果期夏季。龙眼生长在南亚热带地区，喜温暖湿润气候，能忍受短期霜冻，在0～4℃的低温条件，短期内不会冻死。福建莆田主产区年平均气温为20～22℃，四川产地年平均气温约18℃，冬季短期低温有利于龙眼花芽的分化和形成。龙眼为阳性树种，要求阳光充足，产区一般年降水量在1 200～1 600毫米。龙眼对土壤的适应性很强，在红沙壤、黏土中均能生长，只要表土层深厚、排水良好，对各种土壤均能适应，但以沙壤土最好，其次是沙质红壤及黏土，当土壤pH为5.4～6.5时生长最好，碱性土不宜栽种。

　　龙眼原产于我国南部地区，分布于福建、台湾、海南、广东、广西、云南、贵州、四川等，主产于广东、广西。我国龙眼收获面积和产量约占世界的50%以上。近十年来，我国龙眼收获面积基本保持在410万～480万亩。2018年，世界龙眼总产量约390万吨，种植面积约900万亩，我国龙眼产量203万吨，收获面积432万亩，产值104亿元。2018年，广西龙眼收获面积超过广东，达174万亩，占全国龙眼总面积的40.2%；广东龙眼收获面积减至167万亩；福建龙眼收获面积保持在75万亩左右；四川龙眼种植规模扩大到35万亩；海南龙眼种植面积基本维持在10万～11万亩。我国龙眼以石峡、储良、福眼、乌龙岭等种植品种为主。

一、龙眼种苗与栽植技术

龙眼栽培应根据当地土壤和气候条件，选择优质、高产、稳产、抗逆性强、商品性好、适应市场需求的品种。一般待种苗嫩梢老熟后于天气等条件适合时进行定植，可采用株行距5米×6米、4米×6米或4米×5米的种植密度，平地或土壤肥力较好的园地应适当疏植，坡度较大的园地可适当缩小行距。

种苗定植前，挖穴长、宽各1米，深0.8米，将表土和底土分开。将30～40千克有机肥与2～3千克钙镁磷肥、0.5～1千克石灰置于定植穴中下层，表土覆盖于定植穴上层。定植穴应于定植前1～2个月准备完成。定植时将龙眼苗置于穴中间，根据根、茎结合部与地面平齐或稍微高于地面的原则，扶正、填土、压实，再覆土，在树苗周围做成直径0.8～1米的树盘，浇足定根水，并可用稻草等材料覆盖保水。

二、龙眼营养特性与施肥技术

（一）龙眼营养特性

龙眼属常绿乔木，周年生长具有一定规律性。幼树年周期有3个明显生长高峰（3—4月、5—6月、9—10月），其中第二个高峰的生长量最大，在11—12月还有1次小生长高峰。成年树生长高峰有3～4个月，通常在6—8月生长量最大。龙眼结果量和枝梢、根系生长量关系密切，结果多的年份新梢和新根生长量较小。

龙眼叶片营养呈现特定的年周期变化规律，而且不同年份间的变化趋势基本一致。叶片氮含量在9月达到最高，到1—5月花芽分化与开花期时，叶片氮含量明显下降，5月降到最低点后又迅速升高。叶片钾含量的变化规律与氮含量的基本一致，说明花芽分化与开花期需要消耗大量的氮、钾。叶片磷在果实成熟期得到恢复和积累，但在1月花芽分化时磷含量下降至最低点，而5月开花时磷已在叶片中累积。叶片钙含量变化动态规律与氮、磷、钾相反，5月叶片钙含量最高，而9月则处于低量期。叶片镁含量年周期中波动较小，5月含量最高，9月有所降低，在大年采果后叶片的镁含量会出现明显降低。

叶片营养状况会影响龙眼开花结果。龙眼夏、秋梢的梢芽分化形成期，有花树叶片的氮、磷、钾含量均高于无花树，但两者比例接近。叶片有较高氮含量和适宜氮（N）、磷（P_2O_5）、钾（K_2O）比例（1：0.16：0.64）的树来年有较高的成花率。花芽分化期叶片氮、钾配比为1：0.42可使该树当年有较高成花率，但花穗冲梢与叶片中磷、钾比例呈显著负相关。多花有果树叶片氮、磷、钾含量在1—2月处于相对稳定状态，到2—3月出现较大的下降幅度；多花无果树叶片氮、磷、钾含量在1—3月均直线下降，最后降至全年最低值。

龙眼叶梢形成、开花结果和花芽分化周年不停，需要不断从土壤中吸收养分，以满足树体营养生长和生殖生长的需要。龙眼生命周期长，每个时期具有不同营养特点，而且龙眼营养生长和生殖生长较易失调，容易出现低产和大小年结果现象。龙眼对氮、磷、钾的吸收在6—8月出现2次高峰，11月至翌年1月下降。果实对磷的吸收从5月开始逐渐增加，7—8月为高峰期，随后逐渐趋于平衡；对氮的吸收从5月开始增加，7月出现吸收高峰。6—9月是龙眼周年中吸收养分最多的时期，氮、磷、钾吸收比例为1：0.5：1。

（二）龙眼施肥技术

合理施肥是保证龙眼树生长发育和丰产稳产的重要措施，合理施肥可以使龙眼植株健壮生长，促进花芽分化，减少落花落果，提高产量和品质，减少大小年结果幅度。龙眼合理施肥需要根据龙眼树龄、树体年周期营养特点、土壤肥力等因素，确定适当的施肥量

和适宜的施肥时期，采用正确的施肥方法。通常产100千克鲜果，全年每株树施肥量为氮（N）1.8～2.3千克、磷（P$_2$O$_5$）1～1.8千克、钾（K$_2$O）2～2.3千克。

1. 幼年树施肥

一般定植后前3年每年施肥4～6次，随着树冠扩大，施肥次数适当减少，肥料用量逐渐增加。分别于春、夏、秋梢抽生期施肥，一般芽眼萌动时施第一次肥，新梢叶片展开转绿时施第二次肥。植后第一年每株每次施用尿素25～30克、氯化钾15～20克、过磷酸钙50～70克。

2. 结果树施肥

结果树全年按照花前肥、壮果肥和结果母枝培养肥进行施肥，并根据植株生长状况适时进行根外追肥。

（1）花前肥。在秋梢老熟后，花穗开始抽生至开花前视树势施1次促花肥，按每株生产50千克鲜果来确定施肥量，每株施复合肥1.5～2千克、尿素0.5千克、氯化钾0.25千克。

（2）壮果肥。谢花第一次生理落果后，幼果黄豆大小时根据树势及结果量可适当施肥1次，假种皮迅速生长期施肥1次，每次按每株生产50千克鲜果来确定施肥量，每株施复合肥1.5～2千克、尿素0.5千克、氯化钾1.5～2千克。

（3）结果母株培养肥。结果量多的植株在采果前10～15天施肥1次，结果量少的植株在采果后施肥1次，按每株生产50千克鲜果来确定施肥量，每株施复合肥1～2千克、尿素0.5千克，或饼肥2～3千克，或有机肥15～20千克。新芽萌动时施肥1次，按每株生产50千克鲜果来确定施肥量，每株施复合肥0.5～1千克；新梢转绿时施1次，每株施复合肥1千克、过磷酸钙0.5～1千克、钾肥0.5～0.75千克。

结果树和幼树均采用于树冠滴水线下开环沟施肥方法，沟深15～20厘米，施后回土并及时灌水。最后一次追肥在距果实采收期10～15天前施用。

（4）根外追肥。全年4～5次，根据植株生长状况而定，选用的肥料种类和浓度分别为尿素0.3%～0.5%、磷酸二氢钾0.2%～0.3%，微量元素肥料可根据产品规定施用，在新梢叶片展开至转绿前使用。最后一次叶面施肥在距果实收获期20天前进行。

三、龙眼整形修剪技术

对于1～3年幼树以整形为主，在幼树高30～50厘米处定干，在主干留3～5条分布均匀、着生角度为45°～60°、生长基本一致的一级分枝培养成为主枝。在主枝的30～40厘米处截顶，培养位置向外、粗壮、分布均匀的副主枝2～3条。按副主枝的培养方式培养下一级分枝。修剪以轻剪为主，主要剪除弱枝、密枝、荫蔽枝和病虫枝，并使树冠成为自然开心形。

成年结果树的修剪主要在采果后进行，采果后根据结果枝的强弱进行适当回缩修剪。树体长势好的宜采果后立即进行修剪，长势弱的宜在梢期生长稳定后修剪。修剪时每基枝留2～3条新梢。春季疏剪花穗时剪除弱枝、密生枝、荫蔽枝和病虫枝；夏季修剪主要剪除空穗或结果少的弱穗及抽生过多的夏梢，一般每基枝留2～3条新梢。对于内膛较密的植株，可疏去一些较光秃的枝条。

四、龙眼花果管理技术

龙眼花果管理中需要进行药物或人工控梢，合理安排秋梢，使末次秋梢抽生时不至于过早老熟而萌发冬梢。末次秋梢老熟后，可利用浓度为0.03%～0.05%的乙烯利或多效唑，或10%控梢灵可湿性粉剂250～500倍液进行第一次控制冬梢。15～20天后，进行第二次控制冬梢，可用浓度为0.02%～0.03%乙烯利进行叶面喷施。若有冬梢萌发，当冬梢萌发至3～5厘米时及时人工摘除冬梢。另外，也可以在末次秋梢老熟后对长势旺盛的结果树进行环割或环剥控制冬

梢，或是停止施用水肥和灌溉，还可用断根控制水肥的方法控制冬梢。

在龙眼花穗冲梢初期，可通过人工摘除花穗小叶及摘心，或用0.03%～0.05%乙烯利溶液或25.5%杀梢灵稀释800倍溶液喷洒花穗，从而防止冲梢。同时，对于花穗过多过长的植株，可适当疏去一些花量大、坐果率低的长穗花，也可在花穗15～20厘米时，将花穗主轴顶端过长部分摘除。生理落果后，需要将坐果好、挂果多的果穗适当疏除部分果，使果穗、果之间分布均匀，保证果实产量和品质。

五、龙眼病虫害识别与防治技术

（一）龙眼病害识别与防治技术

1. 龙眼炭疽病

（1）发生规律。本病是由真菌引起的，病菌以病部组织内的菌丝体和分生孢子在病叶上越冬，翌年借风雨传播为害。一般春梢、夏梢易发病，秋梢发病较轻，但秋梢若遇阴雨天气，发病也较重。

（2）为害状。叶片受害多从叶尖或叶缘开始，出现黄褐色小斑点，迅速向叶基扩展呈烫伤状圆形或不规则病斑，斑面可呈明显或不明显的云纹，病、健部界限分明，后期叶面呈灰色，叶背褐色。嫩梢受害，先从顶端呈萎蔫状，随后枯心，病部黑褐色，后期整条嫩梢枯死。花枝受害，花穗变褐枯死。幼果发病，先出现黄褐色小斑点，后呈深褐色，水渍状，病部后期产生黑色小点。近成熟的果实及采后的果实受害，在果面出现黄褐色小点后变成近圆形或不定形的褐斑，边缘与健部分界不明显，后期果实变质、腐烂、发酸，湿度大时在病部上产生朱红色针头大的液点。

（3）防治方法。①加强果园管理，合理施肥，合理排灌，防止果园积水，降低果园湿度，清除杂草，扫除枯枝落叶及落地果实，并集中烧毁，收果后剪除病虫枝、过密枝、弱枝、荫蔽枝，做到树冠通风透光良好，减少病原。②果树的新梢期、蕾期、幼果期、近成熟至成熟期，如遇多雨天，要在晴天喷药防治，有效药剂有60%炭疽灵可湿性粉剂800～1 000倍液、25%瑞毒霉可湿性粉剂500倍液、75%百菌清可湿性粉剂500倍液、77%可杀得可湿性粉剂500～600倍液或4%农抗120水剂（果树专用型）600～800倍液等，药剂连喷2～3次，间隔7～10天喷1次。

2. 龙眼酸腐病

（1）发生规律。本病病原为真菌类，在病部越冬，但在高温高湿的条件下会产生分生孢子，并靠昆虫和风雨传播，从而入侵到果实吸取水分和养分，并分泌酶分解熟果的薄壁组织，致使果肉腐烂，不能食用。

（2）为害状。该病为害成熟果实，多在果蒂开始发病，初期病部呈褐色，后期渐变为暗褐色，且病部逐渐扩大至全果，变褐腐烂。病果内部的果肉腐烂变酸臭，外壳硬化，暗褐色，有酸水流出，病部上着生白色霉状物。被虫害果实发病时，果皮裂开的裂口先变色，产生白色霉层。

（3）防治方法。①在采收、包装、储藏运输过程中，注意保护果皮，避免砸伤和压伤。②冬季结合清园，将落地病果清除，集中烧毁，减少病原。③在果实近成熟期喷药防治为害果实的蒂蛀虫、螨等，采果前用30%氟菌唑可湿性粉剂1 000～1 200倍液、30%氧氯化铜悬浮剂500～800倍液或50%施保功可湿性粉剂1 000～1 500倍液均匀喷果实。

3. 龙眼霜疫霉病

（1）发生规律。病原为龙眼霜疫霉菌，病菌以菌丝体在病部组织上越冬，翌年温、湿度适宜时借风雨传播，成为初次侵染来源。果实采收前，遇高温高湿天气，适宜病害发生及蔓延。凡果园管理差、排水不良、果园荫蔽潮湿，有利于本病发生。

（2）为害状。叶片受害后病部出现褪绿斑驳，以后病斑扩展成为不规则的黄绿色斑块，天气潮湿时，病部表面也生出白色霜霉状物。果实受害，多在果蒂开始发病，初期果皮表面呈现褐色至黑色的不规则病斑，数日后病斑迅速扩展至全果，病果变黑色，果肉腐烂，有酒味和酸味，并流出褐色汁液。病害发展到中后期，病部表面出现白色霜霉状物。

（3）防治方法。①做好果园排灌系统，降低果园湿度，深耕改土，增施有机肥，合理修剪，使树冠通风透光，清除果园枯枝落叶、落果，集中烧毁，减少病原。②冬季和收果后清园，全园喷施1次10%氰霜唑悬浮剂1 000～2 000倍液或58%克霜疫可湿性粉剂800～1 200倍液等。果实成熟前，喷施4%农抗120水剂（果树专用型）600～800倍液。

4. 龙眼溃疡病

（1）发生规律。本病的病原主要靠风雨、昆虫等传播，从伤口侵入，在高温高湿天气最易发生流行。

（2）为害状。发病初期病部表面的皮层失去光泽，以后病部逐渐皱缩，粗糙龟裂，出现许多突起的瘤状物，主干、主枝随着龟裂的扩展、加深，部分皮层翘起或剥落，严重时病害向深层发展至木质部，木质部变成褐色，病部以上枝条枯死，叶片脱落，树势衰弱，甚至整株死亡。

（3）防治方法。①在果园管理操作过程中，注意保护树干树枝，避免碰伤树皮，造成伤口，减少病菌入侵机会；发现主干和主枝感病，要及时刮除病部，然后涂药。②合理修剪，剪除树冠荫蔽枝、弱枝，使树冠通风透光，减少发病率；对已感病的大枝，要实行短截，并集中烧毁。③对已刮除病部的部位涂1∶1∶（10～20）的波尔多液、30%苯噻氰乳油50～100倍液或50%扑霉灵可湿性粉剂50～100倍液等，每隔20天涂1次，直到病状消失为止。发现侧枝感病要及时喷药，可用50%扑霉灵乳油500～1 000倍液、25%噻枯唑可湿性粉剂400～500倍液、30%苯噻氰乳油

1 000～2 000倍液、40%灭病威悬浮剂600～800倍液，保护新梢不受为害。

5. 龙眼藻斑病

（1）发生规律。龙眼藻斑病是由头孢藻属的头孢藻引起的，在植株过密、郁蔽、通风透光性差且温湿适宜的条件下，越冬病原产生孢子囊和游动孢子，借风雨传播，从气孔侵入叶片组织，逐渐发展成为丝状营养体，营养体在叶片表皮和角质层之间生长蔓延，并伸出叶面，随后产生子实体，散出的游动孢子借风雨再次侵染寄主，使病害蔓延。在温暖、高湿和多雨季节，此病蔓延迅速。

（2）为害状。该病主要为害成叶和老叶，发病初期，叶片表面先出现针头大小的淡黄褐色圆点，圆点逐渐向四周扩展，呈圆形或不规则形的毛状斑，病斑老化后呈灰绿色或橙黄色，后期病斑色泽较深，但边缘保持绿色。

（3）防治方法。①加强果园管理，及时排除园中积水，降低果园湿度；增施有机肥，增强植株抗病能力；合理密植，科学修枝，使树冠通风透光；清除园内枯枝落叶，并集中烧毁，减少病原及病害发生率。②清园后和发病初期，喷施77%可杀得可湿性粉剂600～800倍液、50%扑霉灵乳油500～1 000倍液、30%氧氯化铜悬浮剂500～800倍液、4%农抗120水剂（果树专用型）600～800倍液。

（二）龙眼虫害识别与防治技术

1. 龙眼长跗萤叶甲

（1）发生规律。龙眼长跗萤叶甲又名红头长跗萤叶甲，属鞘翅目，叶甲科，以幼虫在龙眼树盘土表下和成虫在龙眼树冠中越冬。成虫有群聚取食习性，常有数只以上群集在同一嫩梢上取食，一般在10:00前和16:00后取食，阴雨天气则终日取食。

（2）为害状。以成虫咬食龙眼的新梢嫩叶为害，严重时咬食

新梢嫩茎皮层或咬食顶芽嫩茎和幼果表皮，致使新梢不能正常生长及结果母枝不能形成或少形成花穗，严重影响树势，造成减产。

（3）防治方法。①注意虫情监测，掌握幼虫和蛹盛期，结合果园中耕除草，破坏害虫生活条件，以减少虫源。②发生虫害较重的果园，每次抽发新梢用药2次，药剂品种有90%晶体敌百虫800～1 000倍液、5%高效氯氰菊酯乳油1 500倍液、0.26%绿宝清水剂500～700倍液。

2. 卷叶蛾类

（1）发生规律。为害龙眼的卷叶蛾有三角新小卷蛾、柑橘长卷宗叶蛾、后黄卷蛾、圆角卷蛾等，均属鳞翅目，卷蛾科。以三角新小卷蛾为例，成虫多于白天羽化，在地面的落叶或杂草丛中停息，晚间交配产卵。在着卵处先将幼嫩组织咬出一伤口取食，不久便离开卵壳潜入小叶吐丝粘连成筒状的虫苞，随着叶片的迅速伸展和虫龄的增大，幼虫另结新苞转移为害。

（2）为害状。主要以幼虫为害幼叶和花穗，幼虫吐丝将嫩叶、花器结缀成团，且匿居其中取食，造成幼叶残缺破碎、花器残缺枯死脱落。

（3）防治方法。①加强果园管理，合理施肥，促使各次抽梢整齐健壮，缩短成虫产卵期、繁殖期；结合中耕除草，清除果园内的杂草，减少越冬虫口基数，以减轻为害。②冬季清园，修剪病虫枝叶，清除树盘地上的枯枝落叶，减少部分虫源；在抽梢期和幼果期，如发现有卷叶虫苞、花穗幼果受害时，及时进行捕杀。③在抽梢期、抽蕾开花期、幼果期及时做好虫情调查，掌握幼虫初龄至盛孵期，及时喷药，防治药剂有0.26%绿宝清水剂500～700倍液、25%除虫脲可湿性粉剂2 000～3 000倍液、25%灭幼脲悬浮剂1 000～2 000倍液或5%伏虫隆乳油2 000～3 000倍液喷雾。

3. 蜡蝉类

（1）发生规律。为害龙眼的蜡蝉类有白蛾蜡蝉、褐边蛾蜡蝉、茶褐广翅蛾蜡蝉等。以白蛾蜡蝉为例，以成虫在寄主茂密的枝叶间越冬，翌年天转暖后，越冬成虫恢复活动，取食、交尾、产卵。若虫有群集性，初孵若虫常群集在附近的叶背和枝条上。随着虫龄增大，虫体上的白色蜡絮加厚，且略有三五成群分散活动。植株生长茂密、通风透光差的果园发生较多，且为害严重。

（2）为害状。常以成虫、若虫群集在较荫蔽的枝干、嫩梢、花穗、果梗上刺吸汁液为害，所排出的蜜露易诱发煤烟病，致果树衰弱，受害严重时造成落花落果或品质变劣。

（3）防治方法。①结合果树修剪，剪除过密枝、病虫枝，使树冠通风透光，以减少该虫的产卵量。②掌握各代成虫、若虫盛孵期，及时用药防治，有效药剂有90%晶体敌百虫800～1 000倍液、50%马拉硫磷乳油600～800倍液、20%亚胺硫磷乳油800～1 000倍液、25%杀虫双水剂500～700倍液喷雾。

4. 螨类

（1）发生规律。为害龙眼的螨类主要为龙眼瘿螨、叶锈螨等，瘿螨以成螨、若螨在顶芽未张开的复叶和花蕾的夹缝间栖息、取食和产卵繁殖。在抽蕾开花期和抽梢的萌芽展叶期害螨发生多，一般春末夏初、秋末和冬初，其虫口密度较大，为害较严重。叶锈螨对树冠中下部过密和荫蔽的叶片为害较重，卵产在叶的正面，幼螨、若螨和成螨均以口喙刺入叶面组织内吸取汁液。

（2）为害状。瘿螨以成螨、若螨藏居在龙眼树的花蕾间隙和顶芽未张开的复叶中取食为害，影响顶芽的正常生长，并为害花穗，致使花穗节间缩短，不能正常伸长，花蕾不能开放，导致减产。叶锈螨以成螨、幼螨、若螨为害龙眼叶片，使受害叶片表面呈黑褐色，为害状似煤烟病，影响叶片光合作用，为害严重时，使树势衰弱。

（3）防治方法。①加强果园管理，合理施肥，促进每次抽梢整齐，提高植株的抗逆能力。②结合植株整形修剪和疏梢，剪除已被该虫为害的零星枝梢，以减少虫源。③抽梢期喷施25%三唑锡可

南方特色经济作物关键栽培技术

湿性粉剂1 000～1 500倍液、10%吡螨胺可湿性粉剂2 000～3 000倍液或20%双甲脒乳油1 000～1 500倍液。若虫盛期喷施10%浏阳霉素乳油1 000～1 200倍液或1.8%阿维菌素乳油3 000～4 000倍液。

080

第八章　杧果关键栽培技术

杧果是漆树科常绿大乔木，为热带果树，主要分布于热带、亚热带地区。叶革质，互生；花小，杂性，黄色或淡黄色，呈顶生的圆锥花序；核果大，压扁，长5～10厘米，宽3～4.5厘米，成熟时黄色，味甜，果核坚硬。杧果为阳性树种，喜充足光照，性喜温暖，不耐寒霜，最适生长温度为25～30℃，低于20℃生长缓慢，低于10℃叶片、花序会停止生长，果实会受冷害。世界杧果生产区年均温在20℃以上，最低月均温大于15℃。我国年均气温21℃以上，最冷月温12℃，绝对最低温大于0℃，基本无霜日的地区适宜种植杧果。我国杧果主要产区一般年降水量在700毫米以上，杧果对土壤要求不太严格，一般土壤均适合杧果生长，但以中性至微酸性、土层深厚、地下水位低、排水良好的沙壤土为宜。

杧果原产于印度和马来西亚，其中印度栽培历史最久且产量最高。我国自唐代开始从印度引种种植杧果，现产量位居世界第二。我国杧果产区主要集中在广西、海南、云南、广东、四川、福建、贵州及台湾等，其中以海南（三亚、乐东、陵水、昌江、东方等）、广西（右江、田东、田阳等）、广东（湛江、茂名等）、云南（临沧、思茅、玉溪、华坪、红河等）、福建（安溪、漳州等）、四川（攀枝花、安宁、会东、会理等）为集中产区。各主产区杧果从过去的十几个主栽品种集中到几个主栽品种，如海南以台农1号、贵妃杧、金煌杧、凯特杧等为主栽品种；广西以台农杧、桂七杧、肯特杧、凯特杧为主栽品种；广东以台农1号、椰香杧、金煌杧等为主栽品种；云南华坪、四川攀枝花以凯特杧、肯特杧、爱文杧、红杧6号等为主栽品种。2018年世界103个杧果生产国和地区杧果收获面积总共575万公顷，年产量为5 538万吨，单产

南方特色经济作物关键栽培技术

9.63吨/公顷。世界杧果主产国和地区杧果产量前十的依次是印度、中国、泰国、印度尼西亚、巴基斯坦、墨西哥、巴西、马拉维、孟加拉国和埃及。2018年我国杧果种植面积387万亩，产量225万吨。2019年我国杧果种植面积约420万亩，收获面积约230万亩，产量为245.5万吨。

一、杧果种苗与栽植技术

杧果生产中应选择本地适栽、抗病、抗虫、抗逆性较强、经济性状佳、市场效益好的品种作为栽培品种。沿海台风区或冬春风害较重区域，可在果园周围设置防护林带。杧果种苗定植前3～6个月应做好挖坑、回填、施肥的准备工作。定植坑常用大坑式和壕沟式，坑宽0.8～1米，平地坑深60～70厘米，山地坑深70～80厘米，坑土晾晒2～4个月。定植前，将25千克绿肥放在坑底，撒0.5千克石灰，再填入20厘米厚的表土，加入20～30千克腐熟有机肥，1千克钙镁磷肥，与土壤混匀后回填筑成高出地面20～30厘米的种植土，宜在3—9月定植，定植株行距可为3米×5米、4米×6米或4米×5米。定植时在定植穴中部挖小穴，放入苗木，嫁接口朝向东北，幼苗直立，覆土至根颈处以下，踩实，并修筑树盘，浇足定根水，根圈可采用覆盖保水。栽植1～2年的幼龄果园可在行间距离树冠滴水线0.5米以外种植豆科、绿肥等短期作物，并将绿肥或草进行根圈周年覆盖。

二、杧果营养特性与施肥技术

（一）杧果营养特性

杧果树体高大，根系发达，养分需求量大。据研究，每亩产1 061千克果实，树体需要从土壤中吸收氮（N）104千克、磷

082

（P_2O_5）27.5千克、钾（K_2O）119千克、钙（CaO）88千克、镁47千克、铁976克、锰871克、铜435克、锌375克、硼174克。据测定，生产1 000千克鲜果消耗养分量为氮3.23千克、磷0.85千克、钾3.82千克、钙0.289千克、镁0.196千克。杈果产量越高，修剪程度越重，所需养分越多。随着树龄的增加，吸收养分的量也随之增加。但是杈果品种不同，其营养特性也可能存在一定差异。

研究表明四川攀枝花凯特杈的生长周期可分为5个阶段：营养生长期（9—11月），花芽分化期（12月至翌年1月），扬花期（2—3月），幼果期（4月），果实膨大期（5—7月），新叶生长及果实成熟期（7—8月）。凯特杈两蓬叶大中量元素含量由高至低为钙、氮、钾、磷、镁、硫。叶片氮、磷含量的变化基本一致，即开花期及初果期呈下降趋势，其余生长期变化较平稳；钾含量在初果期有大幅下降，之后不断累积至秋梢停长达最大值；钙含量随叶片老熟逐渐累积至较高水平，镁、硫含量均在初果期有下降，其余时期变化不明显。

有学者将金煌杈、贵妃杈的生长周期分为4个阶段：营养生长期（5—9月），生殖生长期（10—12月），幼果至膨大期（1—2月）和果实成熟期（3—4月）。其中金煌杈的各生长期较贵妃杈晚半个月左右。金煌杈、贵妃杈叶片养分年平均含量由高至低为氮、钙、钾、镁、磷、硫、锰、铁、硼、锌、铜。金煌杈、贵妃杈叶片养分年总累积量由高至低为氮、钾、钙、磷、镁、硫、锰、铁、锌、硼、铜。金煌杈、贵妃杈树体不同器官干物质积累量由高至低为果、叶、落花及柄、枝、落果。

有学者认为台农杈果的生长周期可分为4个阶段：营养生长期，自果树修剪后到果树催花前（4—8月）；生殖生长期，这阶段主要是催花、扬花至谢花坐果（9—11月）；果实膨大期，这阶段果实迅速膨大（12月至翌年1月）；果实成熟期（2—3月）。因各地的管理不同，果树由营养生长期进入生殖生长期时间相差1～3个月。台农杈果叶片养分年平均含量由高至低为钙、氮、钾、镁、

磷、硫、锰、铁、硼、锌。

研究发现帕拉英达杧果叶片在不同生育阶段矿质养分含量存在差异，氮元素在果实膨大期、果实成熟期的含量显著高于营养生长期和开花期的；磷元素在营养生长期的含量显著高于其他三个生长阶段；开花期的钾含量显著低于其他三个生长阶段；钙元素在果实膨大期的含量显著低于其他生长时期；开花期的镁含量显著高于其他生长阶段；硫元素在果实膨大期和果实成熟期的含量显著高于营养生长期和开花期。帕拉英达杧果叶片各养分全年平均含量由高至低为钙、氮、钾、镁、硫、磷、锰、铁、硼、锌、铜。而桂热杧82号叶片各养分全年平均含量由高至低为钙、氮、钾、镁、磷、硫、锰、铁、硼、锌、铜。

（二）杧果施肥技术

杧果施肥应考虑土壤和树体养分状况及杧果需肥特性。施肥原则为既要改善树体养分，又能够培肥地力，既要取得良好经济效益，又要使杧果树持续稳产、高产。我国杧果产区土壤多为贫瘠的坡地赤红壤或砖红壤，酸化及养分流失严重，使果实易缺乏矿质养分。据调查，我国杧果产区每株杧果氮、磷、钾施用量为氮（N）387～820克、磷（P_2O_5）135～675克、钾（K_2O）157～825克，氮、磷、钾比例为1：0.5：0.75，与印度杧果产区较为适宜的比例为1：（0.3～0.5）：（1.2～1.5）相比，磷高钾低。

1. 幼龄树施肥

杧果定植2～3年为杧果幼树期，施肥目的是促进幼树营养生长，使新梢、根系迅速生长，树冠快速形成扩大。定植当年，于第一次新梢老熟后开始施用追肥，以后每2个月施肥1次，每次每株施用尿素25克，雨季干施，旱季水施。定植后第二年和第三年每次新梢萌发时施追肥1次，每次每株施用复合肥（15-15-15）200～300克或是尿素100～150克+氯化钾50～100克。另外，定植第二年起，每年7—9月进行深翻扩穴压青，紧靠原植穴外侧对称挖两条宽、深0.4米，长0.8～1.2米的施肥沟，沟内压入杂草或绿肥，撒入熟石灰0.5千克，加入腐熟农家肥20～30千克，钙镁磷肥1千克，压紧覆土。

2.结果树施肥

杧果结果树每年追施4次肥料，重点在春、秋两季施用。以产果100千克施纯氮2.58千克，氮（N）、磷（P_2O_5）、钾（K_2O）、钙（CaO）、镁（MgO）比例为1：0.4：1.2：0.5：0.2为宜。

不同生长期使用的肥料有所不同，具体如下。

（1）采果前后肥。每株施用优质农家肥20～30千克，复合肥（15-15-15）0.5～1千克，尿素0.25～0.5千克，钙镁磷肥0.5～1千克，钾肥0.25～0.5千克，熟石灰0.5～1千克。其中尿素与复合肥于采果前后7天施用，其他肥料在修剪后结合深翻改土施肥。

（2）花前肥。花芽分化前叶面喷施0.3%硼砂+0.1%硫酸锌，花芽分化后叶面喷施0.2%尿素+0.2%磷酸二氢钾+0.2%硼砂+0.2%氯化钙+50毫克/千克钼酸铵。

（3）谢花肥。末花期至谢花期时施用，每株施用尿素0.1～0.2千克，复合肥（15-15-15）0.2～0.3千克。叶面喷施0.2%尿素、0.2%～0.3%硼砂和0.2%～0.3%磷酸二氢钾。

（4）壮果肥。谢花后30～40天施用，每株施用复合肥（15-15-15）0.3～0.5千克、钾肥0.5千克、饼肥0.2～0.5千克。结合喷药施用0.2%～0.3%磷酸二氢钾或其他叶面肥2～3次。壮果肥既可促进果实快速生长，又可避免夏梢抽发时争夺养分，致使落果。

三、杧果整形修剪技术

杧果种苗定植之后，当树干高度约50厘米时进行定干，苗高60～70厘米仍未分枝时截顶。主干分枝后，在45～50厘米处选留3～4条长势均匀、位置合适的分枝作为主枝，主枝与主干的夹角为50°～70°。当主枝伸长约40厘米时进行剪定，每条主枝选留2～3

条长势均匀的二级枝作为副主枝。当副主枝伸长至30～40厘米时剪顶，抽枝后选留2～3条长势均匀的三级枝，根据上述方法培养四级、五级枝，在2～3年内培养80～100条长势健壮、均匀的末级枝作为结果枝梢。同时及时剪除徒长枝、交叉枝、重叠枝、病虫枝、弱枝及多余的萌蘖，各级分枝方向和角度不合理时，需进行人为调整。

结果树在采果后需将结果枝短截1～2次梢，剪除徒长枝、交叉枝、重叠枝、病虫枝、弱枝、枯枝、下垂枝、衰老枝及位置不适当的枝条。抽梢后，每个基枝进行剪修，保留2～3条方位适当、强弱适中的枝条。经过两年短剪后，第三年进行回缩重剪，修剪量控制在树冠枝叶量的1/3～1/2，在采果后15天内完成修剪。

四、杧果产期调控技术

在海南和广东部分杧果种植区可以通过技术措施促进杧果树提早开花，使杧果提前上市。当结果树的树冠直径为1米以上，采果修剪后至少有2次梢老熟，且叶色浓绿、枝条粗壮，可采用控梢和催花等产期调节技术。海南地区可在5—8月进行控梢，可采用土壤埋施结合叶面喷施多效唑的方法。土壤埋施在结果母枝末次梢叶片抽出时进行，叶面喷施则在结果母枝末次梢叶面淡绿后进行。在控梢80～100天后进行催花，采用1.8%复硝酚钠5 000倍溶液、2%～3%硝酸钾、1%硼砂、细胞分裂素6-BA 50毫克/千克混合溶解，搅拌均匀后喷施于杧果叶片，每7天喷施1次，连喷2～3次。

在四川、云南的金沙江干热河谷地区可采取措施延迟杧果花期，从11月上旬花芽分化前开始处理，采用50～100毫克/千克赤霉素喷施枝梢顶部叶片，每7天喷施1次，连喷2～3次。在花穗抽生小于5厘米时抹除顶花芽，利用腋花芽重新开花结果，延迟开花。

五、杧果花果管理技术

杧果控梢过程中，如遇高温多雨，容易抽生不需要的新梢，在冲梢小于5厘米时，需采用200～300毫克/千克乙烯利溶液杀梢，超过5厘米时采用人工摘除。花穗抽生时，为了提高坐果率，需进行剪顶或短截花穗，控制总花穗长约25厘米。另外，在末花期可喷施1次50毫克/千克赤霉素、0.1%硼砂、0.3%磷酸二氢钾，及时摘除新梢，并喷施2次30～50毫克/千克萘乙酸溶液，7～10天喷1次。当结果树第二次生理落果结束后可进行果实套袋，一般根据不同杧果品种选择不同规格和颜色的杧果专用果袋。红皮的杧果品种宜选用白色袋，黄皮品种选用外黄内黑双层果袋。套袋前需在果面喷施1次杀虫剂、杀菌剂。

六、杧果病虫害识别与防治技术

（一）杧果病害识别与防治技术

1. 杧果炭疽病

（1）发生规律。杧果炭疽病由胶孢炭疽菌引起，枯烂枝叶和烂果上越冬的菌丝体是本病的初次侵染来源，翌年温湿条件适宜时，病菌产生大量的分生孢子，借风雨、媒介昆虫传播，从寄主的气孔或伤口侵入（但相对湿度达100%，并维持12小时才能侵入），潜入期2～4天。本病全年均可发生，温度25～28℃且相对湿度90%以上，最适宜本病的发生与流行。

（2）为害状。嫩叶感病后出现许多圆形的褐色小点，周围有黄晕，并逐渐扩大成圆形、多角形或不规则形的褐色斑，有时病斑破裂穿孔，严重时病斑有连接，叶片皱缩、扭曲、畸形、干枯脱落。枝条感病后形成黑色斑点，以后完全干枯。花穗感病先在花梗

上出现暗褐色小条斑，小条斑汇合成不规则状大条斑，最后引起花穗变褐干枯，常导致落花。幼果感病后，初时果皮上出现许多针头大小的红褐色小点，病斑扩展汇合后幼果变黑脱落，造成大量落果。较大果实感病后，在果实上形成褐色的圆斑，病斑中央稍下陷，湿度大时病部先产生橘红色分生孢子堆，病部果肉僵硬，最后病果腐烂变质。

（3）防治方法。①采果后进行修剪与清园，剪除病虫枝、枯枝、弱枝、重叠枝，清除园中的枯枝落叶及落地果实，并集中烧毁。②采果与冬季清园后，喷施1次1%波尔多液；在抽梢期、抽蕾期、幼果期，以及果实定型至成熟期，于发病前夕或初期喷药防治，有效药剂有75%百菌清可湿性粉剂500倍液、60%炭疽灵可湿性粉剂800～1 000倍液、70%甲基托布津可湿性粉剂1 000倍液、40%灭病威悬浮剂600～800倍液。

2. 杧果白粉病

（1）发生规律。杧果白粉病由杧果粉孢霉引起，初次侵染源为老叶或残存花枝，当条件适宜时，病菌产生大量的分生孢子，借风雨、昆虫传播到嫩梢、嫩叶、花穗及幼果上导致发病，形成白色粉状病斑。本病常在每年的2—4月发生，在雾大、露多的气候流行，为害严重。

（2）为害状。花穗梗最易感病，感病初出现分散的白粉状小块，后斑块逐渐联合，形成一层白色粉状物。花被害后停止开放，随后脱落。嫩叶多在叶背先发病，但有时在叶面感病，白粉状物常局限在中脉附近，病叶出现扭曲、畸形，常会引起大量落叶。幼果感病布满白粉状物，随后病部表面龟裂并木栓化，病果到豌豆大小时脱落。

（3）防治方法。①冬季修剪清园相结合，修剪树冠上的病虫枝、枯枝、过密枝、残枝花梗，保持树冠通风透光；清除园内杂草，扫除烂枝落叶，并集中烧毁。②抓好杧果开花前与谢花后的用药防治，主要药剂为25%粉锈宁可湿性粉剂500～800倍液、29%

石硫合剂水剂120～180倍液、12.5%烯唑醇可湿性粉剂300～500倍液、40%氟硅唑乳油6 000～8 000倍液。③在刚开花和刚结果时用1%武夷菌素水剂100～150倍液，或在开花前、坐小果时用3%多抗毒素水剂600～900倍液喷雾。

3. 杜果黑斑病

（1）发生规律。杜果黑斑病又称细菌性黑斑病，致病菌为油菜黄单胞杆菌杜果致病变种，本病初侵染源为果园越冬的病残体或树上带病老叶，病菌靠风雨传播，从自然孔口、伤口侵入。本病多发生在雨季，暴风雨后病害发生严重，若阴雨时间较长，病害迅速蔓延。

（2）为害状。叶片感病后出现许多水渍状、多角形的小斑，后变为深褐色至黑褐色的斑块，周围有黄晕，常受叶脉控制。嫩梢感病后明显失色、开裂、流胶，叶形成黑色病斑。幼果感病后，显现不规则暗绿色水渍状病斑，气候潮湿时，病部有菌脓。大果感病后，病部开裂呈黑褐色或黑色，严重时引起落叶、落果、嫩梢干枯。

（3）防治方法。①营造防风林带，既能改变风热环境，又能减少由风造成的机械损伤与病菌侵入的机会；修剪带病枝叶，清除果园病原残体，并集中烧毁。②在雨季过后及时喷药，可选用1%波尔多液、77%可杀得可湿性粉剂600倍液、30%氧氯化铜悬浮剂500～800倍液等含铜的药剂喷雾。③发病初期，用72%农用硫酸链霉素可溶性粉剂3 500～4 000倍液或4%农抗120水剂（果树专用型）600～800倍液均匀喷雾防治。

4. 杜果煤烟病

（1）发生规律。杜果煤烟病主要致病菌为三叉孢菌、煤炱菌和小煤炱菌，病原菌的菌丝、分生孢子、子囊孢子都能越冬，成为翌年初侵染来源。当枝、叶的表面有介壳虫、叶蝉、蚜虫、粉虱的分泌物或灰尘、植物渗出物时，病菌即可在上面生长发育。菌丝和分生孢子借风雨、昆虫传播，进行重复侵染。果园管理粗放、通风

不良、荫蔽潮湿，介壳虫、蚜虫、叶蝉等为害严重，均有利于本病发生。

（2）为害状。受害叶片表面覆盖一层疏松的黑色粉霉层，阻碍叶片光合作用，霉状物与叶片贴合不紧密，容易被刷掉。花期受害，黑色霉层覆盖花序、花穗、花枝梗上，影响授粉，造成坐果率下降。小果受害，霉层覆盖果实，果实生长后期，果皮污黑，影响外观。

（3）防治方法。①对树龄大且植株高的要回缩树冠，加强肥水管理，增施有机肥，清除荫蔽枝、残弱枝及果园杂草，提高果园通风度和透光度，减少蝉类、介壳虫类等害虫的隐蔽场所。②发病初期，连续用药2次，相隔10天左右喷1次。可用药剂有70%甲基托布津可湿性粉剂与75%百菌清可湿性粉剂按1∶1混合后的600～800倍液、77%可杀可湿性粉剂800倍液、30%氧氯化铜悬浮剂500～800倍液。

5. 杧果疮痂病

（1）发生规律。杧果疮痂病的病原为杧果痂圆孢菌，本病初侵染源为带病老叶，春季病原的菌丝体形成分生孢子，靠风雨传播，为害新梢和幼果。肥水条件较好、树势旺盛的植株发病较轻，树势差的植株发病较重，苗木受害比成年树受害更严重，感病后的苗木很容易枯死。

（2）为害状。新梢期嫩叶从叶背开始发病，叶常向一侧扭曲，略微皱缩，叶片上生有许多小斑点，斑点淡褐色至棕褐色，叶柄和叶背面的叶脉上常产生许多稍隆起的椭圆形小斑点，隆起部分中央裂开，严重时病叶脱落。感病幼果出现褐色或深褐色突起小斑，一个果可发生多个病斑，潮湿时病部可见小黑点，即病菌的分生孢子盘。果实生长中期感病后，病部果皮木栓化，褐色，感病果皮组织由于生长不平衡，常出现粗皮或果实畸形，果柄受害可出现纵裂。

（3）防治方法。①执行检疫，不从病区引入种苗和接穗。

②结合果树修剪，剪除发病枝梢和重病果实，清除果园病残体并集中烧毁。③在新梢期和幼果期喷药防治，可用75%百菌清可湿性粉剂500倍液、50%扑霉灵乳油500~1 000倍液、80%代森锰锌可湿性粉剂800倍液、30%氧氯化铜悬浮剂500~800倍液。④发病初期使用4%农抗120水剂（果树专用型）600~800倍液喷雾。

（二）杧果虫害识别与防治技术

1. 叶蝉类

（1）发生规律。为害杧果的叶蝉类有扁喙叶蝉、黑尾叶蝉、白翅叶蝉、大青叶蝉、小绿叶蝉等。以扁喙叶蝉为例，扁喙叶蝉的卵和若虫的发生量与嫩梢发育密切相关，大发生时间基本与抽梢抽穗同步。若虫在嫩梢上属聚集分布型。成虫、若虫群体于嫩梢、嫩叶、花穗、幼果等处刺吸汁液。卵产于嫩芽和嫩叶中脉的组织内，斜插在表皮下面，数粒或10多粒连接成片，还分泌胶质物遮盖产卵口，使外表隆起。孵化时，若虫从叶表皮下钻出，使表皮裂开，叶片弯曲变形。

（2）为害状。以成虫、若虫群集在较荫蔽的叶片枝干、嫩梢、花穗、果梗上刺吸汁液为害，使受害部位坏死，出现病斑，引起嫩叶、嫩梢、花穗萎缩畸形或枯梢、枯穗，虫体排出的蜜露易诱发煤烟病，致使树势衰弱，为害严重时造成落花落果，或品质变劣。

（3）防治方法。①加强管理、合理修剪，叶蝉喜在失管及荫蔽度较大的果园中生活，因此加强管理，进行合理修枝，清除果园杂草，使果园通风透光，植株生长旺盛，可减少叶蝉滋生。②根据叶蝉有趋光性的行为特征，观察成虫大发生时，安装黑光灯（离地面高2米左右），在灯光下面摆放盛有杀虫剂的大盆诱杀成虫。③抓住若虫低龄期防治，可用50%叶蝉散可湿性粉剂2 000倍液、25%吡虫啉可湿性粉剂2 000倍液喷雾、2%烟碱水剂800~1 000倍液喷雾或3%除虫菊素乳油800~1 200倍液喷雾。④注意保护叶蝉天

敌，如褐腰赤眼蜂、赤眼蜂、缨小蜂等。

2. 天牛类

（1）发生规律。为害杧果的天牛类有10多种，其中以脊胸天牛为害最为严重。脊胸天牛又称波氏脊胸天牛，在海南一年发生1代，跨年完成或部分两年发生1代。卵散产，大多一处1粒，也有多达6～8粒，黏结成块，卵期约10天。幼虫孵化后大多从枝条木梢的端部侵入，由枝端向下往主干方向蛀入，蛀至分叉处，往往向上蛀食叉枝的一小段后再返回往主干方向蛀食，从小枝至干枝乃至主干，隧道为圆筒形，内壁黑色，幼虫在其中上下自由活动。

（2）为害状。常以幼虫为害主干或枝条，被害枝条上每隔一定距离有一排粪孔。小枝条上的孔洞排出粒状虫粪及木屑，疏松呈黄白色；大枝干上的排粪孔排出混着黑色黏稠液体的虫粪，掉落在下面的叶片上或地上，凝结成块，这是此虫存在的重要标志。受害的枝干容易干枯，受风易折，影响杧果树的生长和寿命。

（3）防治方法。①结合树势短截复壮，对已破坏的重虫枝，应在收果后采取重修剪的办法，将病虫枝、老弱枝全部锯掉，加强肥水管理，抹芽留枝，培养出结构合理的新树冠。②脊胸天牛有趋光性，成虫发生期，在果园内安装黑光灯（白光灯也可以）诱杀成虫。③对已进入大枝干的天牛幼虫，可用注射针筒将农药注入排粪孔，杀死隧道内的天牛幼虫。

3. 象甲类

（1）发生规律。为害杧果的象甲有杧果果实象甲、杧果果肉象甲、杧果果核象甲、杧果长足象甲、杧果剪叶象甲、杧果小绿象甲等。以杧果果实象甲为例，杧果果实象甲在云南一年发生1代，以成虫在果皮、枝干裂缝内越冬，翌年春暖成虫飞出越冬场所，在花穗与嫩叶上取食，在叶腋或树皮裂缝中及枝干伤疤处栖息和交尾，雌虫在幼果上产卵，一般1个幼果产卵1粒。卵孵化后幼虫钻蛀进入果内，先为害果肉，在果实发育中期蛀入果核，取食种仁，在果核皮留有为害状，老熟幼虫在果核内化蛹，并羽化为成虫。

（2）为害状。杧果果实象甲的成虫产卵于幼果内，幼虫孵化后钻入杧果核内蛀食为害，使杧果果肉、果核都失去食用和种用的价值。杧果果肉象甲成虫先在幼嫩的杧果果实皮下产卵，初孵化幼虫潜入杧果果肉钻蛀取食，使杧果果肉内形成纵横交错的隧道，并将粪便堆积在隧道内，使杧果果肉大部分变成深褐色虫粪污物，严重影响果品质量，甚至使果实失去食用价值。

（3）防治方法。①加强栽培管理，及时处理杧果园内的枯枝落叶、落果、烂果，集中烧毁，从而消灭虫卵，减少下一代的虫口；清除园内杂草，进行土壤耕翻，杀死在土壤中的部分虫蛹和越冬幼虫；合理修剪，刮去枝干粗皮、地衣，涂白堵塞枝干缝隙、孔洞，害虫产卵前实行果实套袋，破坏害虫繁殖场所。②在各代成虫羽化期，掌握虫情，适时喷药杀死成虫。有效农药：90%晶体敌百虫800～1 000倍液、30%双神乳油2 000倍液、56.5%丁苯硫磷乳油1 000～1 200倍液喷雾、每隔7～10天喷药1次，连喷2～3次。

4. 蚧类

（1）发生规律。为害杧果的介壳虫较多，在我国常见的有褐圆蚧、椰圆蚧和红蜡蚧等。褐圆蚧有以受精雌成虫越冬的，也有以幼虫越冬的。褐圆蚧卵产于介壳下，不规则堆积。若虫孵化后，从介壳边缘爬出，在合适的地方固定下来取食。若虫从孵化后至固定之前的阶段叫游荡若虫，游荡若虫喜欢在叶及成熟的果实上固定为害。褐圆蚧在一年中以夏、秋季发生最多。

（2）为害状。以成虫、若虫取食嫩梢、叶片、花穗和果实的汁液为害，严重时影响植株正常生长，引起落花、落果。此外，该类害虫分泌的蜜露，易诱发煤烟病，影响光合作用和果实的商品价值。

（3）防治方法。①做好检疫工作，在运输过程中严格检查，防止介壳虫传播。②在幼虫孵化前剪去虫害枝，集中烧毁；改善果园通风透光条件，营造不利于介壳虫生存的生态环境。③在第

一代卵的盛孵期喷施松脂合剂，冬春季使用8～10倍液，夏秋季使用18～20倍液；在成虫、幼虫盛发期，用50%甲基嘧啶磷乳油1 000～1 500倍液、25%喹硫磷乳油500～700倍液或27%皂素烟碱可溶性粉剂300倍液。④注意保护利用蚧类天敌，如蚧子蜂等。

第九章 菠萝关键栽培技术

菠萝是凤梨科凤梨属植物，茎短，叶多数，莲座式排列，剑形，顶端渐尖，全缘或有锐齿，腹面绿色，背面粉绿色，边缘和顶端常带褐红色，生于花序顶部的叶变小，常呈红色。花序于叶丛中抽出，状如松球；苞片基部绿色，上半部淡红色，三角状卵形；萼片宽卵形，肉质，顶端带红色；花瓣长椭圆形，端尖，上部紫红色，下部白色，聚花果肉质，花期夏季至冬季。菠萝具有较强的耐阴性，喜漫射光、忌直射光，但其丰产优质仍需充足的光照，且其生长要求年平均气温23℃。年降水量1 000～1 500毫米、海拔600米以下、降水时间分布比较均匀（月降水量100毫米）的地方比较适宜菠萝生长。菠萝对土壤有较广泛的适应性，但中性或碱性土、黏性或无结构的粉沙土不适宜菠萝生长，pH为5～6、疏松、富含有机质且通气良好的土壤有利于菠萝生长。

菠萝原产中美洲、南美洲热带地区，为著名热带水果之一，在世界上80多个国家及地区广泛种植。菠萝早在1558年前已引入我国，至今已有400多年历史。我国菠萝种植区主要分布在广东、海南、广西、云南、福建等，其中又以广东、海南为主，两省菠萝产量分别占我国菠萝总产量的62%和26.8%。近年来，我国菠萝种植面积较为稳定，约100万亩，产量约165万吨，种植面积和总产量分别约占全球总量的7.2%和8.1%。2018年我国菠萝实有面积90万亩，较上年下降6.5%，占全国热带水果总面积的3.2%；菠萝总产量164万吨，较上年下降1.6%，占全国热带水果总产量的6%，单产2 453千克/亩，总产值36亿元。主栽品种以巴厘为主，占总种植面积的76%左右，其他主栽品种还有金菠萝、台农16号、台农17号等。2019年我国菠萝产量为173.3万吨，同比增长6.65%。

一、菠萝种苗与栽植技术

菠萝生产应根据环境、气候条件和市场需求进行品种规划，选择优质高产品种。菠萝定植前2～3个月进行整地，垦地时需注意多犁少耙，犁地深度30厘米以上。菠萝适宜栽植季节为4—10月，菠萝栽植时应根据地形和冷冬期长短等因素选用单行、"品"字形双行、三行或多行式。大行距120～150厘米；小行距：卡因类品种35～50厘米，皇后类品种30～40厘米，台农系列品种50～70厘米；株距：卡因类品种25～30厘米，皇后类品种20～25厘米，台农系列品种30～40厘米。种苗栽植前需要剥除种苗基部干枯叶和果瘤，剪除过长叶片后，用托布津或多菌灵浸泡种苗基部10～15分钟。菠萝种苗栽植深度为冠芽苗3～4厘米，裔芽苗5～10厘米，吸芽苗6～8厘米；按照株行距开定植穴，扶正种苗，培土并压实，浇足定根水。

二、菠萝营养特性与施肥技术

（一）菠萝营养特性

菠萝在自然气候条件下，当具有一定生长量时，每年有3个开花期。从2月初至3月初抽蕾、6月底至8月初成熟的称为正造花（正造果），约占全年果量的62%，果形正，品质好，产量高；4月底至5月底抽蕾、9月成熟的称为二造花（二造果），约占全年果量的25%，果形和品质与正造果相似；7月初至7月底抽蕾、10月底采收、亦可延迟至翌年1—2月成熟的称为三造花（三造果），约占全年果量的13%，果形大，糖分低，酸度高，纤维多，香气少，品质差。

菠萝生育期可以分为苗期、旺长期（包括种苗期和大苗期）、催花现红期、小果膨大期和成熟期，各生育期的长度因品种、定植期及气候等因素而异，了解和掌握菠萝养分吸收规律是对菠萝进行合理施肥的关键。菠萝各品种的生长周期和养分吸收能力存在较大差异，在相同生育阶段，不同品种的养分吸收量和吸收比例各不相同，但菠萝对养分的吸收量均表现为钾＞氮＞钙＞磷＞镁，菠萝对钾需求量最高。巴厘类品种吸收养分的高峰期在快速生长期，氮（N）、磷（P_2O_5）、钾（K_2O）吸收比例分别达到50.8%、45.8%和54.6%，随后逐渐下降；在催花–谢花期，氮、磷、钾吸收比例降为20.2%、17.8%和12.3%；在果实发育期，氮、磷、钾的吸收比例较小，主要依靠前期的积累。卡因类品种具有2个高峰期，第一个高峰期位于快速生长期，氮、磷、钾吸收比例分别达到46.3%、46%和51.5%；第二个高峰期位于果实发育期，氮、磷、钾吸收比例分别达23.4%、32.1%和32.1%。

菠萝品种和管理方式不同，需肥量也存在差异。通常情况下，植株健壮高大，叶大而厚长的卡因类品种，需肥量大，较耐肥水；反之，植株生长中等，叶较短小的皇后类品种，需肥量较小。海南大学试验表明，台农17号（金钻）每产1吨菠萝果实对氮（N）、磷（P_2O_5）、钾（K_2O）、钙（CaO）、镁（MgO）的需求量分别为5.84千克、1.16千克、13.15千克、5.25千克、0.51千克，台农11号（香水菠萝）分别为5.23千克、0.88千克、13.25千克、3.97千克、0.41千克，金菠萝分别为5.84千克、1.07千克、14.71千克、4.34千克、0.50千克，无刺卡因分别为5.27千克、1.43千克、12.17千克、5.01千克、0.52千克。另外，灌溉施肥方式得到改善的情况下，菠萝对养分的吸收能力会得到相应提升，需肥量也会增加。以巴厘类品种为例，滴灌施肥条件下，菠萝对氮、磷、钾的吸收量比常规雨养栽培分别提高28.5%、62.5%和30.1%。

（二）菠萝施肥技术

菠萝生长周期长，产量高，需肥量大，菠萝施肥过程中提倡用目标产量配方法或田间试验配方法确定施肥量。在目标产量配方法的计算中，每产1吨菠萝果实需要施用氮（N）7～8千克、磷（P_2O_5）1.5～2千克、钾（K_2O）14～15千克。也可以利用其他现有的推荐施肥量，结合当地实际情况确定施肥量（表9-1）。

表9-1　我国部分标准或地区菠萝推荐施肥量

标准或地点	品种	N /（千克·公顷$^{-1}$）	P_2O_5 /（千克·公顷$^{-1}$）	K_2O/（千克·公顷$^{-1}$）	氮、磷、钾比例（N：P_2O_5：K_2O）
NY/T 5178-2002		655.59～756.5	169.3～229.3	638.4～864.2	1：0.26：0.97～1：0.23：0.87
台湾	卡因	720	120	720	1：0.17：1
福建	台农	769.5	150	600	1：0.19：0.78
广东	巴厘	526.5	286.5	630	1：0.54：1.2
广西	巴厘	526.5	150	600	1：0.31：1.33
海南	台农	317～422	66～92	271～396	1：（0.16～0.29）：（0.64～1.25）

不同生长期施用的肥料有所不同，具体如下。

（1）壮苗肥。壮苗肥中的氮（N）、磷（P_2O_5）和钾（K_2O）施用量分别占正造果施肥总量的50%、10%～20%和30%。按苗期又分成三类肥：小苗肥，施氮量占正造果总施肥量的10%，宜分成2次施用，第一次在植株开始抽新叶时水施，第二次在新叶长出4～5片时水施；中苗肥，氮、磷、钾施肥量分别占正造果总施肥量的20%、5%～10%和15%，沟施或穴施，宜分成2次施用；大苗肥，氮、磷、钾施肥量分别占正造果总施肥量的20%、5%～10%和15%，沟施或穴施，一次施完。

（2）催花壮蕾肥。在花芽分化前期至花蕾抽发前期施用，宜施用的肥料为氮磷钾复合肥+硫酸钾+饼肥，氮、磷、钾施肥量分别占正造果总施肥量的10%、5%～10%和20%，水施。饼肥中的氮素应占本次施用氮素量的50%以上。

（3）壮果催芽肥。在谢花后施用，宜施用的肥料为氮磷钾复合肥+硫酸钾+饼肥，氮、磷、钾施肥量分别占正造果总施肥量的10%、5%～10%和30%，水施。饼肥中的氮素应占本次施用氮素量的50%以上，宜分2次施用，第二次在第一次施后的20天左右进行，水施。

（4）壮芽肥。采果后水施0.5%尿素，占正造果总施肥量的5%。

（5）叶面追肥。定植30天后，每月喷施1次10克/升的尿素和2克/升的磷酸二氢钾混合溶液，用量为2毫升/株，或施用商品叶面肥，用量遵循产品说明书规定。在大苗期、花芽分化期、谢花期和采果后10天左右分别喷施1次浓度为0.1%的含微量元素的叶面肥。

三、菠萝花果管理技术

当菠萝株龄达到11～13个月，皇后类品种长出长35厘米以上的叶片多于40片，巴厘类品种长出长30厘米以上的叶片多于30片，卡因类品种长出长40厘米以上的叶片多于45片时，可以进行催花。菠萝次适宜区催花宜在3—7月，其余地区除寒冷、低温、阴雨及霜冻天外，全年均可催花。催花前1个月需停止施用氮肥。催花时采用10～20克/升的尿素、5克/升的硫酸钾和300～500毫克/升的乙烯利溶液灌施于株心，每株25～40毫升。

菠萝栽培中应及时除去裔芽、吸芽及块茎芽。当果柄上的裔芽长到3～4厘米时，除留作种苗用的以外，应分批次摘除；除着生位置低、生长健壮的留作下造母株的吸芽外，其余吸芽在采果后及时去除；块茎芽也应在采果后及时摘除。另外，为了培育壮果，可以在谢花末期用50～60毫升/升的赤霉素、1克/升的磷酸二氢钾、1克/升的稀土钼混合溶液喷施1次，15～20天后再用80～100毫克

/升的赤霉素、1克/升的磷酸二氢钾、1克/升的稀土钼混合溶液喷施1次。使用赤霉素壮果需要注意浓度，浓度不能过高，使用该方法前可试验验证以筛选出适宜浓度。

四、菠萝病虫害识别与防治技术

（一）菠萝病害识别与防治技术

1. 菠萝凋萎病

（1）为害状。菠萝凋萎病又名菠萝根腐病，又被称为"菠萝瘟"，是由携带病毒的介壳虫吸食时导致的。植株发病后，叶片变软下垂，叶片嫩绿色至红色，基部腐烂，最终全株枯死。地上部发病初期表现为基部叶片变黄发红，皱缩，失去光泽，叶缘向内卷曲，叶尖干枯，叶片凋萎，植株停止生长。随着病情发展，由根尖腐烂发展到根系的部分或全部腐烂，植株枯死。

（2）防治方法。①改善园地环境，留意选用种植园地，加强管理，选用高畦种植，防止果园积水和水土流失，对黏重土应增施有机肥，改善土壤通气性，促进根系成长，及时挖除病株并焚毁。②首先不用病苗繁殖，其次及时杀灭菠萝粉蚧，定植时可用25%噻硫磷乳油800倍液喷药防治。③发现病株可及时使用50%甲基托布津可湿性粉剂400倍液，以防治菠萝粉蚧及地下害虫。使用方法为在病株周围及其他健株基部土表淋施。

2. 菠萝炭疽病

（1）发生规律。本病病原为胶孢炭疽菌，其以菌丝体和分生孢子盘在病株和病残体上存活越冬，以分生孢子借风雨传播完成其周年侵染循环。温暖潮湿的天气有利于发病，植株偏施氮肥会加重发病。

（2）为害状。病斑近圆形或椭圆形，浅褐色，边缘深褐色稍隆起，中部凹陷，斑面散生针头大小黑点。病斑互相连合成斑块。

本病主要为害叶片，严重时造成叶枯。

（3）防治方法。①清除病残老叶，并集中烧毁。②喷药保护新叶，药剂可选用70%甲基托布津可湿性粉剂1 000倍液、40%多硫悬浮剂600倍液、50%复方硫菌灵1 000倍液或30%氧氯化铜悬浮剂500倍液，连喷3～4次，隔7～15天喷1次。

3. 菠萝心腐病

（1）发生规律。菠萝心腐病由几种疫霉属真菌引起，染病植株根系变黑腐烂、心叶褪绿，较老的叶片枯萎。发病初期病株叶片青绿色，但心叶黄白色，容易拔脱，随后叶色逐渐褪绿，变成黄色或红黄色，叶尖变褐干枯，叶基部产生浅褐色乃至黑色水渍状腐烂。腐烂组织变成奶酪状，病健交界处呈深褐色，最终全株死亡。成株根系受侵染后变黑、腐烂。病株结的果实个小，果实发病会产生灰白色湿腐斑块，后迅速扩展，直至摧毁整个果实。

（2）防治方法。①选用健壮苗，避免在低洼、高湿的土地种植；科学施肥，不偏施氮肥，提高植株抗性。②发现病株应立即将其挖除和烧毁，病穴要翻晒和加施石灰或淋灌杀菌剂。③若种苗有伤口，应在伤口干燥后再定植，种苗可用25%多菌灵可湿性粉剂800～1 000倍液浸苗基部10～15分钟，晾干后再定植。④对发病果园，可喷施25%多菌灵可湿性粉剂1 000～1 500倍液或70%甲基托布津可湿性粉剂1 000～1 500倍液。

4. 菠萝根线虫

（1）为害状。菠萝根线虫病是由于根线虫寄生在菠萝根系中穿行并产卵在根系，使根系形成大量不规则的囊状物而产生的被害株表现为侧根和须根增多，地上部生长矮小、缓慢，叶色异常，结果少，产量低，甚至造成植株提早死亡。

（2）防治方法。①实行检疫，避免带虫植株进入无虫区。②开辟新果园时，在晴朗天气犁耙翻晒土壤，经阳光照射可杀灭根线虫。③可在行间犁15厘米左右开条沟，在条沟内淋施阿维菌素，可有效地杀灭根线虫。

（二）菠萝虫害识别与防治技术

1. 粉蚧类

（1）发生规律。为害菠萝的粉蚧有洁粉蚧、橘臀纹粉蚧、橘栖粉蚧、葡萄粉蚧4种，其中以洁粉蚧最为常见。洁粉蚧寄主有菠萝、番石榴、柑橘。暴雨或连续降水对粉蚧有冲刷作用。蚂蚁既会取食粉蚧分泌的蜜露，又会搬运虫体至他处，有助于粉蚧的扩散传播。

（2）为害状。以雌成蚧和若虫群集于菠萝根、茎、叶鞘、果缝隙处吸汁为害，轻则致叶片变黄，重则致植株凋萎。虫体分泌的蜜露还可诱发煤烟病。

（3）防治方法。①选种无虫苗。②药剂浸苗除虫，在定植前用50%乐果乳油500倍液、12.5%增效喹硫磷乳油750～1 000倍液、10%氧乐氯氰乳油2 000倍液、20%高效顺反氯马乳油3 000～4 000倍液、44%多虫清乳油1 000～1 500倍液或10%吡虫啉可湿性粉剂1 000～1 500倍液浸渍苗基部10分钟。③对受害菠萝植株或地段，可用上述药剂淋施植株或淋灌土壤1～2次。

2. 金龟子

（1）为害状。金龟子幼虫又称为蛴螬，通常在土中活动，为害菠萝的根与茎。受害植株初时叶片褪绿，后期失水无光泽，叶尖干枯，叶片变为红紫色，与被害根、茎相对应的叶片下垂、凋萎，果期为害严重时果实萎缩，甚至全株干枯死亡。

（2）防治方法。①可用90%晶体敌百虫800倍液，灌淋菠萝株丛，杀死金龟子幼虫，特别是在6—8月应及时防治。②利用金龟子的趋光性，可安装黑光灯或60瓦灯泡，进行诱杀。③把握两个时期：一是成虫出土后几天，此时成虫不飞翔，可用毒死蜱或高效氯氟氰菊酯类产品喷洒地面进行杀虫；二是成虫发作盛期，于每晚黄昏选用高效氯氟氰菊酯药剂喷杀。

第十章 火龙果关键栽培技术

火龙果属仙人掌科量天尺属多年生攀缘性的多肉植物，其营养丰富、功能独特，含有一般植物少有的植物性白蛋白和花青素，以及丰富的维生素和水溶性膳食纤维，是继荔枝、龙眼、香蕉和杧果之后亚洲第五大著名的热带水果。植株无主根，侧根大量分布在浅表土层，同时有很多气生根，可攀缘生长。茎深绿色，粗壮，长可达7米，粗10～12厘米，具3棱。果实长圆形或卵圆形，表皮红色，肉质，具卵状而顶端急尖的鳞片，果长10～12厘米，果皮厚，有蜡质，果肉白色、红色或黄色，具有黑色种子。植株喜光耐阴、耐热耐旱、喜肥耐瘠，在温暖湿润、光线充足的环境下生长迅速，春、夏季露地栽培时应多浇水，使其根系保持旺盛的生长状态，在阴雨连绵天气应及时排水。火龙果耐0℃低温和40℃高温，生长的最适温度为25～35℃。火龙果可适应多种土壤，但以含腐殖质多、保水保肥的中性土壤和弱酸性土壤为宜。

火龙果原产于美洲地区，后被引入其他热带及亚热带地区。我国火龙果主要分布于广西、广东、云南、贵州、海南、台湾和福建。2007年以来，我国火龙果种植面积稳步增长，种植区域逐步扩大。2018年，我国火龙果种植面积和收获面积分别为74.57万亩、58.52万亩，仅次于越南，年产量102万吨，单产1 745.39千克/亩，主栽品种包括金都一号、大红等。

一、火龙果种苗与栽植技术

火龙果生产上选用的品种需要纯正，茎肉肥厚，苗高30厘米以上，根系完整、发达，无病虫害。一般在3—11月种植，以春季种

植为宜。全园整地后，起畦，畦向以东西向为好，畦宽2.5～3米，其中畦面宽1～1.5米、畦沟宽0.5米，畦高20～25厘米。平地果园多采用篱架式栽培方法，定植前在每个种植行中间开挖宽15厘米、深5厘米左右种植沟，单行种植，定植株距为20～40厘米，种植密度为740～1 400株/亩。火龙果苗定植时应浅种，定植深度为2～5厘米，定植后覆盖薄土，并浇足定根水。定植后可喷施杀菌剂和植物调节剂，起到杀菌和促进生根的作用，并每3～5天浇水1次，定植成活后可根据需要调整浇水次数，待新芽抽出后3～7天，可施用水肥1次。

二、火龙果营养特性与施肥技术

（一）火龙果营养特性

火龙果为浅根系作物，主根不明显，侧根及须根较发达，分布在10～30厘米表土层中，根系对土壤含盐量极为敏感，施肥过多易造成烧根、烂根。火龙果具有多批次性、同步性、间断性的特点，自然产果期在每年5—11月，15天左右可开花1次，谢花到果实成熟一般45～50天。果实生长呈"S"形增长，发育至30天左右，果实停止膨大。花谢后26～35天果皮开始变色转红，4～10天后可采收。火龙果植株体内养分以磷（P_2O_5）1～3.6克/千克、钾（K_2O）8.7～36.1克/千克、钙（CaO）1～22.6克/千克的含量较高。火龙果磷含量一般高于其他热带作物，钙含量与剑麻相当，钾含量与菠萝、剑麻相当，是一种喜磷、钾、钙的植物。火龙果植株地上部养分含量由高至低为钾、氮、磷，且钾含量是氮含量的3倍以上，是磷含量的12倍以上。

火龙果在不同生长时期对各种养分的需求量和需求比例也不同。有研究表明，火龙果在现蕾前期根系中的铁、锰、硼积累较多，枝条中磷、钾、钙、镁、铜、锌含量较高，在盛花盛果期根系中的镁、钾积累较多，在果实采收末期根系中的钾、镁含量降低。火龙果在幼果期，果实中的多种矿质元素含量均处于较高水平，随后逐渐降低，最终在果实成熟期趋于稳定。成熟期火龙果花蕾的含氮量最高，茎的磷、钙、镁、硫、锌含量最高，果皮的钾、硼含量最高，根系的铁含量最高。果实中氮（N）、磷（P_2O_5）、钾（K_2O）比例为 4.86∶1∶10.12，茎中氮、磷、钾比例为 1.46∶1∶1.81。另外，火龙果成熟器官中钙含量较高，但果肉钙含量较低，钙不易进入果肉，果肉钙含量较高易影响其品质。

火龙果对营养元素的吸收会直接影响其产量和品质，但在不同生长阶段对氮、磷、钾等养分元素的需求量不同。试验结果表明幼龄火龙果与成龄火龙果均适宜使用中磷高钾配方。同时，火龙果茎在 5 月中旬对氮、磷、钾的需求量均较多，在 7 月下旬对氮、钙、镁的需求量较多。由于火龙果为分批次、多次采收，在果实发育的中后期（花后 20～30 天）是果实品质和产量形成的关键时期，在此期间应保证足够的养分供应，并且果实带走的钾元素较多，应注重钾肥的施用。

（二）火龙果施肥技术

火龙果的生物量比常规果树的要小，但火龙果花期持续时间长，营养消耗较多，对养分需求量也较大，生长发育过程中需要从土壤中吸收大量养分，特别是进入盛产期后，水肥管理更为重要。火龙果种植前要施足基肥，果苗生长后，每月施肥 2～3 次，且氮、磷、钾配合施用，再根据果树不同生育期，改变氮、磷、钾比例及增减肥料，适当补充微量元素，每年再增施 1～2 次有机肥。充足的水肥条件是火龙果获得高产稳产的关键。一年生火龙果所需养分较少，施肥时以有机肥为主，化肥为辅。定植 1 年后的火龙果开始开花坐果，所需养分增加，因此第二年施肥量比第一年施肥量增加 150%～200%，且在挂果期可适当增加钾肥用量。对于成龄火龙

果，除施用有机肥外，还要增施化肥，具体施用量可根据土壤测试进行适当调节。

1. 幼龄火龙果施肥

定植15天后，每10～15天喷施或滴灌0.2%～0.3%大量元素水溶肥溶液1 000千克/亩。春季种植6个月后可开花结果，转为结果树管理；秋季种植至11月以后，植株生长缓慢时停止施用速效肥，冬季前施用充分腐熟的有机肥或生物有机肥1 000千克/亩，并施用三元复合肥50千克/亩。

2. 结果树施肥

成熟期火龙果施肥以有机肥为主，化肥为辅。火龙果是喜钾作物，在开花坐果期可增施钾镁肥，在微量元素方面要注重施用锌肥、硼肥等。根据研究结果建议火龙果营养生长期施肥的氮（N）、磷（P_2O_5）、钾（K_2O）比例为1：0.2：1.6，开花期施肥的氮、磷、钾比例为1：0.3：3.9，果实成熟期施肥的氮、磷、钾比例为1：0.2：2。在秋冬季节，火龙果收完果后要施1次冬肥，因为火龙果经过1年的抽枝条、开花、结果，树体养分已经降到了全年最低值，所以在秋冬季节施用冬肥能补充树体养分，恢复树势。

（1）冬肥。宜在12月至翌年1月施用，每亩施用商品有机肥2 000千克、钙镁磷肥50千克、硫酸锌2千克、钼酸铵2千克、硼砂或硼酸3千克。施肥方法为在离根部40厘米处挖8～10厘米的沟进行沟施并覆土。

（2）春肥。宜在2—3月施用，每亩施用三元复合肥（20-15-10）50千克。施肥方法为在离根部40厘米处挖8～10厘米的沟进行沟施并覆土。

（3）膨果肥。宜在5—11月施用，在每批次开花后3～5天，每亩通过水肥一体化设施施用5～15千克三元复合肥（20-5-20）加水1 500千克。在上述肥料用量范围内，结果量较大的果园，施肥量可适当增加。

此外，在火龙果花芽分化期、果实膨大期叶面喷施0.3%的尿素或磷酸二氢钾溶液，每15天喷1次，可促进火龙果开花结果，提高果实品质。同时，我国火龙果主要种植在长江以南的红壤地区，而红壤地区土壤铁、锰含量较高，火龙果在生长发育过程中一般不会发生缺铁症和缺锰症，而容易缺乏硼、锌等，因此可以在叶面追肥过程中喷施含硼、锌等微量元素的肥料，快速补充微量元素。

三、火龙果整形修剪技术

火龙果幼苗定植后需引导其生长至架顶，主蔓生长至架顶前，每株果苗保留1条主蔓，当主蔓生长至架顶之后引蔓向一个方向攀附生长。若种植密度为740～900株/亩，当主蔓水平方向生长30～90厘米时需进行摘心，并在水平茎段选留不同方位健壮枝条3～4条，其余剪除。若种植密度为900～1 400株/亩，当主蔓生长至架顶后，直接引蔓跨越最顶钢丝绳后往侧边钢丝绳攀附生长，并进行固定。

火龙果果园周年管理中需及时从分枝基部剪除衰老、垂地遮阴和病残的枝条。同时，需要疏除多余枝条和弱枝，每株宜保留树冠外围顶部萌发的、分布均匀的新枝6～13条，每亩留有效结果枝6 000～9 000条，其中740～900株/亩以每株留有效结果枝12～13条为宜，900～1 400株/亩以每株留有效结果枝6～7条为宜，其余嫩梢全部剪除。保留的嫩梢待其生长下垂超出侧边钢丝绳20厘米处进行打顶。

四、火龙果花果管理技术

火龙果花期时，每批花现蕾后5～7天进行人工疏蕾，同批同枝留花蕾以1～2个为宜，同批同株留花蕾以3～4个为宜。谢花后5～7天，同批同枝留果以1个为宜，同批同株留果以2～3个为宜。在果实蝇等害虫为害严重的地区，开花3天后在花冠黄绿交界处上

方约1厘米处将花冠剪除，套袋前喷施1次病虫害防治药剂，药水晾干后进行果实套袋。

五、火龙果病虫害识别与防治技术

（一）火龙果病害识别与防治技术

1. 火龙果炭疽病

（1）发生规律。火龙果炭疽病由胶孢炭疽菌引起，病菌以分生孢子盘和菌丝体在病残体或病部上越冬，主要借助风雨或者昆虫活动传播，人为因素也有利于孢子飞散传播。低温干旱不利于本病发生，但在高温高湿的环境下本病容易发生。

（2）为害状。此病多发于茎表，初期发病位置有淡黄色或白色病斑，随着病情加重病斑进一步扩大及增多，并转变为红色，最后各病斑汇合成片状病区，之后发病部位开始脱水干枯并发黑，出现黑色突起的小点。果实被侵染一般不会马上发病，病菌会潜伏在果皮表面，待果实成熟变红后才会出现褐色水渍状腐烂斑块，病情发展迅猛，果实很快会失去商品性。

（3）防治方法。①可在生长季节使用450克/升咪鲜胺水乳剂2 000倍液喷雾进行预防。轻病茎节可人工用刀挖除肉质部，切口涂抹50%多菌灵，视病情发生情况，隔10天左右防治1次，共防治2～3次。②繁殖的种苗应先喷药进行防治，3～4天后再采种苗枝条；而繁殖的苗圃可喷波尔多液防治，一般每隔10～15天喷药1次，共喷药2次。③及时剪除田间发病病枝，深埋或烧毁；清除田间杂草，保持田间卫生，从而减少田间病原。

2. 火龙果软腐病

（1）发生规律。火龙果软腐病属于真菌性病害，土壤中水分过多或降水过多，均有利于该病发生。此病多发生在植株中上部的嫩节，由伤口侵染引起，与虫咬和其他创伤有关，但对植株的损害严重，常造成发病茎节腐烂甚至向下和向上蔓延至其他茎节。

（2）为害状。感染后病部出现水渍状斑点，且斑点向光面呈半透明状，斑点逐渐变为褐色并迅速扩张。病叶呈充水状，用手按压病叶便会破裂并流出分泌物，后期病叶产生恶臭味甚至整片腐烂。

（3）防治方法。①喷洒77%可杀得可湿性粉剂500倍液、47%加瑞农可湿性粉剂800～1 000倍液进行防治。②初发现水渍状腐烂点时，挖除病部并涂消毒剂或硫黄粉消毒；也可把病部浸在72%农用硫酸链霉素可溶性粉剂1 000倍液中，浸后晾干重栽。③加强肥水管理，避免漫灌和长期喷灌，漫灌造成根系长期缺氧而死亡，喷灌造成果园湿度增大，有利于病害的发生，最好采用滴灌技术，起垄栽培，必须施用充分腐熟的有机肥。

3. 火龙果溃疡病

（1）发生规律。火龙果溃疡病属于细菌性病害，在温度30℃左右的5—6月易发生。病菌主要随风雨传播。

（2）为害状。该病从火龙果抽生嫩芽到开花结果期间均可发生，发病始于幼嫩的三角茎部，发病初期茎上出现圆形凹陷褪绿病斑，随后病斑逐渐变成橘黄色，严重时整条肉质茎上密密麻麻布满了病斑，导致枝条腐烂；高温干旱时受侵染部位呈灰白色突起，形成溃疡斑。

（3）防治方法。①雨后及冻后容易滋生病害，要更加注意对果园进行杀菌消毒。日常管理中，要及时将腐烂枝条、杂草清除，运出果园处理，并对伤口喷药保护，使火龙果枝条免受病菌侵害。②平时要注意果园的排水工作，并提高果树抗性，可用叶面肥进行淋根或叶喷，促进植株生长发育，提高植株抗病抗虫能力，减少发病率。③若田间发现溃疡病病株，及时用药防治，可喷施30%吡唑醚菌酯悬浮剂1 500倍液、3%中生菌素可湿性粉剂1 000倍液。

4. 火龙果黑斑病

（1）发生规律。火龙果黑斑病由链格孢属真菌引起，病原菌

以菌丝体或分生孢子在病部或病残体上越冬，分生孢子借风雨或昆虫传播。高温多雨有利于发病，植株偏施氮肥或生长不良时更容易发病。病原菌在植株有伤口的情况下，可为害老熟三角茎，发病后期茎部大面积干腐，达到一定湿度后，发病部位产生暗灰色至黑色霉层。

（2）为害状。成熟果实有无伤口均可感病，发病初期果皮表面出现褪色斑点，扩大后病斑呈圆形或近圆形，褐色，中央凹陷且长出暗灰色至黑色的霉状物，后期病斑扩展迅速，直至整个果实呈湿状腐烂，并流出黄褐色液体。

（3）防治方法。①平时应加强栽培管理，勿施过多氮肥，应增施磷钾肥，注意通风透光。②发病前喷施65%代森锰锌可湿性粉剂800倍液，连喷3~4次，可有效防止病害蔓延；发病初期可喷50%多菌灵可湿性粉剂500倍液、70%甲基托布津可湿性粉剂800倍液或75%百菌清可湿性粉剂600~800倍液，5~7天喷1次，连喷3~4次，防治效果明显。

5. 火龙果疮痂病

（1）发生规律。火龙果疮痂病主要由细菌性病原侵染植株引起，病菌在病部组织上越冬，当春季雨水增加、气温上升到15℃以上时，病菌开始活动，产生分生孢子，并通过风雨、昆虫传播。春季空气湿度大小是决定发病严重与否的主要因素。春梢及晚秋梢抽吐期如遇阴雨连绵、早晨雾重天气则此病流行，夏梢期由于气温高极少发病。

（2）为害状。发病植株茎和果表面出现不规则的砖红色坏死斑或铁锈状坏死斑，略突起。病斑初期直径0.2厘米，后期病斑成片生长形成长2~15厘米，宽2~5厘米的大型病斑，表面光滑，严重时直接伤害到肉质茎，危及整个植株生长。

（3）防治方法。①有些果园发病是由于苗自身带病，所以选苗的时候要选无病害健壮的苗，从源头杜绝病菌进入园内侵染枝条。②冬天结合修剪，清除病枝及田间周边杂草并烧毁，减少病原。③发病前可喷施萃护刀、大生、百泰等；发病初期可喷施世高、碧生、凯润等；发病后期可喷施咪鲜胺、健达、翠泽等。

（二）火龙果虫害识别与防治技术

1.斜纹夜蛾

（1）发生规律。斜纹夜蛾一年发生4～9代，一般以老熟幼虫或蛹在田基边杂草中越冬，成虫夜出活动，飞翔力较强，具趋光性和趋化性。卵多产于叶背的叶脉分叉处，在茂密、浓绿的作物上产卵较多，堆产，卵块因常覆有鳞毛而易被发现。初孵幼虫具有群集为害习性，3龄以后则开始分散为害；老龄幼虫有昼伏性和假死性，白天多潜伏在土缝处，傍晚爬出取食。斜纹夜蛾发育适温为29～30℃，一般高温年份和季节有利于其发育、繁殖，低温则易导致虫蛹大量死亡。

（2）为害状。斜纹夜蛾幼虫聚集取食火龙果细嫩组织，主要咬食叶片、花蕾、花及果实，初龄幼虫啃食幼嫩叶片下表皮及叶肉，仅留上表皮呈透明斑，造成生长点受损，植株短期内停止生长。

（3）防治方法。①清除杂草，收获后翻耕晒土或灌水，以破坏或恶化化蛹场所，有助于减少虫源。②结合管理，摘除卵块和群集为害的初孵幼虫，以减少虫源。③利用成虫的趋光性，于盛花期点灭蛾灯或黑光灯进行诱杀。④利用成虫的趋化性配糖醋糖、醋、酒溶液（糖、醋、酒、水配比为3：4：1：2）加少量敌百虫诱杀。⑤在卵孵化高峰期用5%卡死克乳油2 000～2 500倍液，在低龄幼虫始盛期用0.5%三令乳油1 500～2 000倍液、48%毒死蜱乳油1 000倍液、40%新农宝乳油1 000倍液或甲氨基阿维菌素苯甲酸盐、菊酯类等药剂，喷雾防治。

2.蚜虫

（1）发生规律。蚜虫的繁殖力很强，一年能繁殖10～30个世代，世代重叠现象突出。雌性蚜虫一生下来就能够生育。

（2）为害状。主要为害火龙果嫩茎、花和果，成蚜或若蚜群集于植物叶背面、嫩茎、生长点和花上，用针状刺吸式口器吸食植株的汁液，使细胞受到破坏，生长失去平衡，叶片向背面卷曲皱缩，心叶生长受阻，为害严重时植株停止生长，甚至全株萎蔫枯死。蚜虫还可以传播病毒，同时蚜虫为害时排出大量水分和蜜露，滴落在下部叶片上，引起霉菌病发生（如煤烟病），使叶片生理机能受到阻碍，减少干物质的积累。

（3）防治方法。①冬季在枝蔓基部刷白，防止蚜虫产卵；结合修剪，剪除被害的枝蔓、花和果，并集中烧毁，以降低越冬虫口；冬季刮除或刷除枝蔓上密集越冬的卵块，及时清理病枝、病果。②蚜虫的天敌有瓢虫、草蛉、食蚜蝇和寄生蜂等，它们对蚜虫有很强的抑制作用。尽量少施广谱性农药，避免在天敌活动高峰时期施药，有条件的果园可人工饲养和释放蚜虫天敌。③蚜虫趋黄色，因此可在田间挂黄色粘虫板诱杀成虫。④发现大量蚜虫时，及时用50%马拉松乳油1 000倍液、50%杀螟松乳油1 000倍液、50%抗蚜威可湿性粉剂3 000倍液、2.5%溴氰菊酯乳油3 000倍液、2.5%灭扫利乳油3 000倍液或40%吡虫啉可湿性粉剂1 500～2 000倍液等喷洒植株1～2次。

3. 红蜘蛛

（1）形态特征。雌成螨深红色，椭圆形。越冬卵红色，非越冬卵淡黄色。越冬代幼螨红色，非越冬代幼螨黄色。越冬代若螨红色，非越冬代若螨黄色，体两侧有黑斑。

（2）发生规律。红蜘蛛主要以卵或受精雌成螨在植物枝干裂缝、落叶及根际周围浅土层、土缝等处越冬，翌年春季气温回升，植物开始发芽生长时，越冬雌成螨开始活动为害，先爬到植株新梢上为害逐渐向整个枝条扩散。发生量大时，雌成螨在植株表面拉丝爬行，借风传播。

（3）为害状。主要为害火龙果植株新梢，有丝状体，导致火龙果生长缓慢、根系腐烂等。

（4）防治方法。①田间悬挂黄板或蓝色粘虫板进行引诱杀灭。②清水冲洗侵染部分或用手抹除。③可喷施1.8%阿维菌素乳油1 500倍液、艾满利1 500倍液或金爱维丁1 500倍液+杰效利3 000倍液。

4. 黑刺粉虱

（1）发生规律。黑刺粉虱一年发生4～5代，以2～3龄幼虫在叶背越冬，发生不整齐，田间各种虫态并存，日间常在树冠内幼嫩的枝叶上活动，有趋光性，可借风力传播到远方。

（2）为害状。黑刺粉虱通过吸食汁液对火龙果进行为害，枝条、果实均可受害。黑刺粉虱排泄物还可诱发煤烟病，影响作物光合作用、树势生长发育及果实品质。

（3）防治方法。①田间悬挂黄板引诱杀灭雄虫。②保护利用天敌，寄生蜂羽化前将其放入虫口密度大的区域。③可喷施22%特福利悬浮剂3 000倍液、1.8%阿维菌素乳油1 500倍液、10%啶虫脒可湿性粉剂1 750倍液+杰效利3 000倍液。

5. 堆蜡粉蚧

（1）发生规律。堆蜡粉蚧一年可发生4～6代，以幼蚧、成蚧藏匿在被害植物的主干、枝条裂缝等凹陷处越冬，翌年天气转暖后恢复活动、取食。雌虫形成蜡质的卵囊，产卵繁殖，卵产在卵囊中，并多行孤雌生殖。若虫孵出后，主要为害新梢，附着于茎棱边缘，以啄状口吻插入茎肉吸收营养。光照不足或照不到光的蔓茎常发生该虫害。

（2）防治方法。①用小竹棍绑上脱脂棉或用小棕刷刷去粉蚧，或用尼古丁、肥皂水洗去粉蚧，集中灭杀。②可喷施22%特福利悬浮剂3 000倍液、5.7%甲维盐水分散粒剂3 500倍液、1.8%阿维菌素乳油1 500倍液等。

第十一章　番木瓜关键栽培技术

　　番木瓜又称木瓜、乳瓜、万寿果，为热带、亚热带常绿软木质大型多年生草本植物，高8～10米，具乳汁，成熟后果肉味甜而清香，具有丰富的营养，含有多种维生素，其果实、种子和叶片均可入药。根系为肉质浅生，主根粗短，侧根发达，须根较多。茎不分枝或有时于损伤处分枝，具螺旋状排列的托叶痕。茎上螺旋着生长叶片，茎和叶柄空心；在生长期间，叶片的形态从幼小时的单一裂片变化到成熟植株的掌状叶。植株可以是雌雄异株或雌雄同株，但也存在许多中间性别类型的植株，环境胁迫经常引起性别类型的改变，通常萌芽4～6个月后开花，这时植株性别类型才明显。花腋生，雌株花单生，而雄株的花序是聚伞花序。一般番木瓜从种植到结果只需10～14个月，果实长于树上，花果期全年。番木瓜喜高温高湿热带气候，不耐寒，忌大风，忌积水，最适于年均温度22～25℃、年降水量1 500～2 000毫米的温暖地区种植，适宜生长的温度是25～32℃，气温10℃左右时生长趋向缓慢，5℃时幼嫩器官开始出现冻害，0℃时叶片枯萎。番木瓜对土壤适应性较强，但以酸性至中性、疏松肥沃的沙质壤土生长为宜。

　　番木瓜原产于美洲，与香蕉、菠萝并称为热带三大草本果树。番木瓜在我国已有300多年的引种栽培历史，主要分布在广东、海南、广西、云南、福建、台湾等。2010年、2019年世界番木瓜收获面积分别为40.73万公顷、46.25万公顷，10年间增长了13.55%；产量分别为1 098.82万吨、1 373.44万吨，10年间增长了24.99%。2019年全球番木瓜产量最高的地区是印度，产量达到605万吨，占全球总产量的44.05%；产量排第二的地区是加勒比，产量为137.9万吨，占全球总产量的10.04%；其次是多米尼加，产量为117.1万吨，占全球总产量的8.53%。2020年全球番木瓜种植面积为47万公顷，同比增长1.51%，产量为1 395.5万吨。2020年我国番木瓜种植面积增长至14 835 公顷，同比增长12.6%；产量为16.7万吨，同比增长1.89%。

一、番木瓜种苗与栽植技术

番木瓜品种主要包括穗中红48、红铃、桂热1号、日升及台农1号、台农6号、红妃等。番木瓜栽培中应根据环境条件和市场需求，选择果形适宜、抗病、品质好、产量高的品种。种苗选用茎粗0.5厘米以上、苗高15～20厘米、真叶7～8片、根系发达的营养杯苗。番木瓜不宜连作，新建果园与旧果园应相距100米以上。通常选择春季和秋季的阴天或雨后晴天进行定植，定植时剥除营养杯，整杯植下，剥除营养杯时尽量不弄松杯泥，种植深度不宜过深，土层覆盖以略高于植株根颈为宜，定植完成后浇透定根水。种植方式多采用宽行窄距，行株距一般采用2.5米×1.5米，如果土壤肥沃，行株距可采用2.5米×1.8米；如果土壤较为贫瘠，行株距可采用2.3米×1.7米。每亩种植180～200株。

二、番木瓜营养特性与施肥技术

（一）番木瓜营养特性

番木瓜生长迅速，结果快，年均可抽出新叶60～70片，在水肥管理良好的时候，年抽叶90片以上，叶片大，叶柄长，产量高。番木瓜种植1年后即可采收，一般产量为65～70吨/公顷，高产果园可达100吨/公顷以上。因此，番木瓜树体生长和果实发育均需要大量养分。

氮在种子和叶片中含量较高，磷在种子、果肉中含量较高，钾在叶片、果肉、根和种子中含量较高。番木瓜在植株生长期对氮的

需求量较高，对磷、钾等养分的需求量次之；而在果实生长期对磷、钾的需求量增加，特别是对磷的需求量增加。施肥过程中，高氮、高钾使花期提前，而高磷则相反。果实中可溶性固形物含量和糖含量随磷、钾含量增加而上升，随氮含量增加而下降。

研究表明，产量为100吨/公顷的番木瓜果园，每年需要从土壤中带走氮（N）250千克、磷（P_2O_5）20千克、钾（K_2O）340千克；每年生产100吨鲜果从土壤中带走的养分为氮112千克、磷9.9千克、钾178.5千克、钙9.43千克、镁40.71千克、硼0.16千克、铁0.19千克、锌0.12千克、钼0.002 5千克、铜0.027 6千克、锰0.029 9千克、钠3.09千克，其中氮、磷、钾、钙、镁的比例为1∶0.09∶1.59∶0.08∶0.36。从养分吸收量可以发现，番木瓜对钾的需求量较高，为喜钾果树，生产上应重视施用钾肥。

（二）番木瓜施肥技术

番木瓜可周年开花结果，对养分需求量大，为了高产优质，各营养元素需补充充足。据广州市果树科学研究所试验表明，番木瓜在营养生长期氮（N）、磷（P_2O_5）、钾（K_2O）的比例为1∶1.2∶1，生殖生长期为1∶2∶2，我国台湾推荐的番木瓜养分比例为1∶2∶1.25。施肥位置应在树冠外缘（滴水线以外），有覆膜果园在畦面打洞施肥，无薄膜覆盖果园采用条沟施肥。叶面喷肥在阴天或傍晚进行，效果较好。

（1）苗期肥。果园整地时将腐熟有机肥施入定植穴，用量为100千克/亩，定植后10～15天开始施肥，以后2个月内每隔10～15天施肥1次，以施速效肥为主，由薄施到多施，由稀施到浓施。此时期也可以叶面喷施氮肥，快速补充养分，一般控制施肥浓度为0.3%～0.5%。

（2）催花肥。5—8月是春植树施肥的最关键时期，早熟种一般长出24～26片叶就现蕾（45～50天），现蕾前后要及时施重肥，供花芽形成需要，仍以施氮肥为主，适当增施磷钾肥，8月底前要把全年肥料的80%施下。每株果树施用尿素100克、复合肥50克、钾肥50克。另外，缺硼地区还应在花期喷施0.5%硼砂和每株加施3～5克硼砂。

（3）壮果肥。9月后进入盛花着果期，应增施重肥，以满足基部果实发育和顶部开花着果的需要。6月挂果的番木瓜在6—10月每月施重肥1次，要求氮、磷、钾水平较高，每次每株施氮磷钾复合肥100～300克。定果后，有机肥与无机肥结合施用，增施磷钾肥，少施氮肥，在果皮呈浅绿色时及时叶面喷施0.2%～0.3%磷酸二氢钾，有利于提高果实品质。

当番木瓜果园土壤pH低于5.2时，必须施用石灰或是其他土壤调理剂调节pH。我国南方番木瓜种植地区多为贫瘠的坡地赤红壤或砖红壤，土壤严重酸化，养分缺乏，保肥与供肥能力差。据调查，土壤普遍缺氮，钾、钙、镁、硼、锌也较为缺乏。坡地开垦种植初期土壤容易缺乏氮、磷。粤西砖红壤土壤硼含量在0.1毫克/千克以下时可能出现缺硼症，酸性和中性土壤含铜量小于2毫克/千克时可能出现缺铜症。因此，施肥过程中还需根据实际情况，适时补充微量元素。

三、番木瓜修剪与花果管理技术

番木瓜栽培应及时将叶腋处的侧芽摘除，开花前及时摘除多余花，保证每一叶腋有1～2个果。若计划只收当年果实，留至9月初，单株平均留果20～25个，多余的花果可全部去除，疏花疏果最好在晴天午后进行。植株老叶应随时割除，割除时保留长叶柄。对于果实虫害较严重的果园，可对果实套袋，在开花受精后，幼果开始膨大，幼果长成鸡蛋大小时即可套袋。套袋分两层，内层用发泡网，外层用薄膜袋套紧。内层用发泡网可以起到通气作用，外层薄膜袋起到保湿防护作用。另外，番木瓜茎干较高大，茎中空，组织脆弱，根系浅，结果后树身重、容易折断，需注意防风，可用竹、木支撑固定。

四、番木瓜病虫害识别与防治技术

（一）番木瓜病害识别与防治技术

1. 番木瓜环斑花叶病

（1）发生规律。番木瓜环斑花叶病又称花叶病，由病毒引起，温暖干燥年份，有利于蚜虫的发育和迁飞，导致本病发生严重。本病主要由蚜虫传播，凡与旧果园或与邻果园病株毗邻的植株发病快，发病率高。西葫芦、南瓜、黄瓜、丝瓜、西瓜等瓜类为环斑花叶病病毒中间寄主。因此，以瓜类间作或邻近瓜园的果园发病相对较重。不同品种的抗病性有差异，表现为发病迟早、发病率高低、病状的轻重等不同。

（2）为害状。该病来势凶、传播快、为害极大。植株感病后严重落叶、结果量大减、果实品质差，病株在几年内会死亡，基本无保留价值。发病初期，在茎、叶脉及嫩叶的支脉间出现水渍斑，随后在嫩叶上出现黄绿相间或深绿与浅绿相间的花叶病症状；在感病果实表皮上也出现水渍状圆斑（环斑），几个圆斑可联合成不规则形。低温期，病株叶片大部分脱落，幼叶出现畸形叶，如鸡爪型、卷叶型和缩叶型，即叶肉皱缩、卷曲，或叶肉退化，只剩下叶脉，呈线状。

（3）防治方法。①选择种植杭病品种。②加强栽培管理，增强植株抗、抗病能力。③及时挖除病株，苗期应立即挖除，并用生石灰消毒；盛果期发病率超过20%的果园可以只挖除失去结果能力的病株，对坐果多、发病轻的植株保留不挖，利用回绿期加强肥水管理，让果实继续发育。④远离病原，老果园在种植前应清除病株，新果园距离老果园2 000米以上。果园不要与瓜类蔬菜间作，要远离瓜类蔬菜种植。⑤及时防治蚜虫，在蚜虫迁飞高峰期，特别是在干旱季节应该及时打药，还要注意清除果园周围蚜虫喜欢栖息的杂草。⑥用网室大棚育苗及种植（防蚜虫效果好），但网室大棚的成本较高，可考虑用于高产值的小果型品种。

2. 番木瓜炭疽病

（1）发生规律。番木瓜炭疽病是仅次于环斑花叶病的重要真菌性病害，病原为炭疽菌属真菌，其可在病残体中越冬，分生孢子通过风雨或昆虫传播，由表皮侵入或潜伏在果实表面，当果实接近成熟时才发病。本病全年都可发生，但以秋季最为严重，在高温多湿条件下该病更容易发生，开花结果期发病较多，在果实储藏期也会发病。

（2）为害状。炭疽病主要为害果实，其次为害叶片、叶柄、茎。染病果面出现黄色或暗褐色的水渍状小斑点，随着病斑逐渐扩大，中间凹陷并出现同心轮纹，随后变黑，病斑可整块剥离。叶片上病斑多发生于叶尖和叶缘，褐色，呈不规则形，斑上有小黑点。叶柄上，病、健交界不明显，在发病处会出现黑色或朱红色小点。

（3）防治方法。①冬季及时、彻底清园，并全园喷波尔多液或50%多硫悬浮剂预防。②在高温多雨季节，可用70%甲基托布津可湿性溶液800～1 000倍液或40%灭病威悬浮剂250～350倍液等具有杀菌功能的药剂防治，视天气情况，可每月喷施2～3次，并及时清除老叶及病株。③尽量选择在晴天采果，避免采摘时弄伤果实，在采果前2周喷70%甲基托布津可湿性粉剂1 000倍液，可起到防腐保鲜的作用。

3. 番木瓜霜疫病

（1）发生规律。番木瓜霜疫病病原为荔枝霜疫霉，病菌可在病残体中越冬，通过雨水及灌溉水溅射传播。多雨季节及潮湿环境发病较重。

（2）为害状。番木瓜在幼苗期容易被该病病原侵染，表现为叶斑褐色、不规则形、水渍状，潮湿时背面产生白霉。茎干发病呈深褐色、水渍状腐烂，表面有白霉，干燥时皱缩。发病严重时，幼苗变褐死亡。

（3）防治方法。①育苗棚湿度不宜太高，要通风透气、透光，加强果园管理，雨后注意排水。②过冬前及时清除园内残叶、残果及落叶、落果，集中烧毁。③发病初期可选用40%硫磺多菌灵悬浮剂1 000倍液或64%恶霜锰锌可湿性粉剂600～800倍液，连续喷药控制。

4. 番木瓜根腐病

（1）发生规律。番木瓜根腐病病原为镰刀菌属真菌，其在土壤中越冬，由流动水传播，特别是在地下水位较高、排水不良地块发病率较高，多雨年份及栽植过深时发病较重。

（2）为害状。番木瓜苗期较容易感病，植株发病初期在茎基出现水渍状，后变褐腐烂，叶片枯萎，植株枯死，拔起植株可见病株的根变褐坏死。

（3）防治方法。①苗棚内要通风透气，透光，降低温湿度，苗地和种植地要排水良好，避免积水。②避免连作，也不要与蔬菜地连作。③发现病株时要拔除，病穴要灌药液后翻晒，后再补种，其他植株或发病初期病株应及时喷药液保护。药剂可用70%敌克松可湿性粉剂1 000倍液或50%多菌灵可湿性粉剂500倍液，每株灌药液0.3～0.5千克，7～10天1次，连灌2～3次。

（二）番木瓜虫害识别与防治技术

1. 红蜘蛛

（1）发生规律。番木瓜一年四季都有红蜘蛛为害。红蜘蛛一年发生20多代，世代重叠，但以4—5月和8—11月为发生高峰期。田园发病初期呈点片发生，随后靠爬行或吐丝下垂借风雨在株间传播。管理越粗放、植株叶片越老、叶片含氮量越高，则红蜘蛛繁殖越快，为害越严重。

（2）为害状。为害时以成螨和若螨活动于叶片背面，吸取汁液。被害叶片缺绿并产生黄斑点，严重为害叶片时黄斑点连成一片或斑块，似花叶病症状。被害叶片缺绿影响光合作用，严重时叶片脱落，植株生长受影响。

（3）防治方法。①冬季要彻底清除田间残体及杂草，集中烧毁，减少越冬虫源。②生物防治，保护捕食红蜘蛛的自然天敌。红蜘蛛的天敌很多，如钝绥螨、长须螨、食螨瓢虫、六点蓟马等。③发生高峰期可用胶体硫悬浮剂250倍液，在幼螨孵化期每隔5～7天喷药1次，连喷2～3次。还可用杀螨剂73%克螨特乳油1 500～2 000倍液、5%尼索朗乳油2 000倍液或50%托尔克可湿性粉剂2 000～2 500倍液。

2. 蚜虫

（1）发生规律。蚜虫一年发生10～30代，其他寄生植物有桃、十字花科蔬菜、烟草、马铃薯等。桃蚜也在番木瓜植株上繁殖、越冬。通常干旱气候对蚜虫发生有利，雨水对蚜虫有直接冲刷、机械击落作用。有翅蚜对黄色有强烈趋性，对银灰膜有负趋性。蚜虫是番木瓜环斑花叶病传播的主要昆虫媒介之一，主要有桃蚜和棉蚜。当蚜虫在病株上吸取汁液时，番木瓜环斑花叶病的病原病毒随着汁液吸入蚜虫体内，使蚜虫成为带毒蚜虫，当带毒蚜虫再去吸食健康植株时，将病毒传播给健康植株。

（2）防治方法。①育苗应远离桃园等其他寄主植物，清除田间杂草。②砍除受害严重的病株，并及时喷药防治。③畦面覆盖银灰膜驱蚜虫，苗期及生长期用32目网室覆盖防蚜。④发现蚜虫时可用50%巴丹可溶性粉剂1 000倍液、40%乐果乳油1 000倍液、50%抗蚜威可湿性粉剂2 000～3 000倍液或50%马拉硫磷乳油1 500～2 000倍液等杀虫剂交替喷杀。

3. 圆介壳虫

（1）发生规律。圆介壳虫也称东方盾蚧，以若虫和雌成虫越冬，翌年4月上旬越冬成虫开始活动，卵产于介壳下。初孵若虫可爬行活动1～2天，找到适当部位后，即刺入口针，固定于寄主上吸食。该虫常密集于番木瓜植株接近结果部位的主茎上。夏、秋季食料丰富，该虫繁殖快，为害严重。

（2）为害状。以成虫、若虫刺吸番木瓜植株的叶、茎及果实的汁液为害。被害严重的植株生长势衰弱，耐寒力显著下降，冬季容易发生冻害。果实受害，停留于绿色状态，不能成熟，味淡肉硬，品质变劣。

（3）防治方法。①冬季清园时彻底清除带虫植株，集中烧毁，消灭越冬圆介壳虫。②在若虫初孵期进行药剂防治，喷洒40%速扑杀乳油1 000～1 500倍液、45%灭蚧可溶性粉剂100～150倍液或2.5%敌杀死乳油2 000～4 000倍液。

4. 毒蛾

（1）发生规律。毒蛾产卵在叶背及茎上，以幼虫在地面的枯枝落叶处结茧越冬，翌年春，越冬幼虫破茧出蛰，开始为害。初孵幼虫群居叶背啃食叶肉，3龄后分散为害。幼虫一般夜间活动取食，白天静伏于叶背；成虫夜间活动，具有趋光性。

（2）为害状。毒蛾是一类多食性食叶害虫，其幼虫体毛和成虫鳞片有毒，触及皮肤可引起红肿疼痒或皮肤过敏。毒蛾为害番木瓜以幼虫食叶为主，1～2龄幼虫取食叶表和叶肉，3龄以后幼虫咬食叶片成孔洞或缺刻仅留叶脉。

（3）防治方法。①冬季清园时彻底清除落叶、杂草，集中烧毁，消灭越冬幼虫。②成虫盛发期用灯光诱蛾或点布性信息素诱杀雄蛾。③在3龄前幼龄期可用5%抑太保乳油1 000～2 000倍液、25%灭幼脲悬浮剂1 000～1 500倍液、90%晶体敌百虫800～1 000倍液或20%速灭杀丁乳油2 000～3 000倍液喷杀。

第十二章　椰子关键栽培技术

椰子是棕榈科椰子属植物，植株高大，乔木状，高15～30米，茎粗壮，有环状叶痕，基部增粗，常有簇生小根。叶柄粗壮，花序腋生，果卵球状或近球形，果腔含有胚乳、胚和汁液（椰子水），花果期主要在秋季。椰子为热带喜光作物，在高温、多雨、阳光充足和海风吹拂的条件下生长发育良好，主要分布在低海拔的滨海地带。椰子在年平均气温23℃的地区才能正常开花结果，其最适宜生长发育温度为26～27℃，日温差不超过5～7℃。年日照时数2 000小时以上，年降水量1 300～2 300毫米且分布均匀，无明显旱雨季之分，大气湿度为85%左右最适合椰子生长。椰子对土壤要求不严，土壤pH 5～8都能适应，但以土层深厚、质地疏松、通透性和排水均良好、有机质含量比较肥沃的冲积土、沙壤和红壤最适宜。

椰子原产于亚洲东南部至太平洋群岛，在我国有2 000多年栽培历史。我国椰子主要分布于广东南部诸岛及雷州半岛、海南、台湾及云南南部热带地区。我国的椰子种植面积仅占全球的0.27%，其中海南的椰子种植面积占全国的99%。2018年海南省椰子种植面积为34 396公顷，当年新种植面积为3 153公顷；2019年海南省椰子种植面积为34 527公顷，当年新种植面积为820公顷，产量为23 162吨。2020年海南省椰子种植面积35 695公顷，椰子产量为2.13亿个，其中文昌市椰子种植面积及新增面积均居海南省第一，种植面积为15 539公顷，占全省的43.5%，当年新种植面积为417公顷，占全省的21.4%；其次琼海市椰子种植面积为6 898公顷，当年新种植面积为292公顷。

一、椰子种苗与栽植技术

椰子种苗主要通过种子繁殖，栽植时选择半荫蔽、通风、排水良好的土壤，耕地15～20厘米深，开沟，宽度比椰子果实稍宽即可，将椰子斜靠沟底45°，覆土至果实的1/2～2/3处。当芽长至10～15厘米时，移芽至适度荫蔽的苗圃，一般1年左右，苗高约1米即可出圃定植。

椰子种植密度不宜过大，否则影响椰子后期生长和产果。一般高种椰子165～180株/公顷，株行距为7.5米×8米、8米×8米或8米×9米等；矮种椰子种植密度为225～240株/公顷，多采用株行距6.5米×6米、6.5米×6.5米或6米×6米等；杂交良种种植密度为165～195株/公顷。一般椰子以等距三角形方式种植，但随着林下种养结合模式的发展，也可以适当放宽行距，采用宽行密株或大小行的方式种植。

椰子定植时间一般以春、秋两季较为适宜。椰苗定植前应根据土质和苗龄挖好定植穴，定植穴规格为80厘米×70厘米×60厘米，可采用腐熟厩肥、畜禽粪肥、土杂肥、塘泥、火烧土等作为基肥，每穴施用30千克以上，加0.5千克过磷酸钙。椰苗定植后需要及时使用草料、树叶残渣等材料覆盖定植穴，起到保水效果，保证椰苗生长。

二、椰子营养特性与施肥技术

（一）椰子营养特性

椰子是雌雄同株同序异花植物，通常1个叶腋有1个花序，花序和相应叶片同时发育，叶原基开始分化后4个月左右，可以初步看出花序原基，经过22个月开始分化雄花和雌花，再经过1年，佛焰花开裂结果，椰果从雌花受精到果实成熟需要12～13个月。椰子平均每年抽叶12片，生长旺盛期可以达14片左右，叶片数随着树龄增加逐渐减少，但椰子花序发育过程中常有败育现象，所以叶片数常多于花序数。叶片从茎端生长锥分化形成至自然死亡，需要5年左右，可分为三个阶段：第一阶段是幼嫩阶段，大概需要2年，叶片只是简单地褶皱起来，长10厘米左右；第二阶段为快速伸长阶段，历时4～8个月，叶片从10厘米长至完全展开；第三阶段为成熟阶段，历时24～30个月。椰子茎干生长是依靠茎干顶端分生组织不断生长实现的。茎生长随着树龄增加而增加，但增高量逐渐下降，一般25龄左右椰子年增高约50厘米。树干一旦形成，其粗细没有多大变化，但树干在形成时，其粗细因气候耕作和营养水平的不同而发生变化。

椰子是多年生常绿乔木，全年均可吸收养分，吸收根主要集中在树基部2米半径范围内。据研究，椰子结果树平均每年需要吸收氮（N）0.7千克/株、磷（P_2O_5）0.3千克/株、钾（K_2O）1千克/株、氯0.9千克/株、钙（CaO）0.3千克/株、镁（MgO）0.1千克/株。椰子对钾需求量最大，其次是氯，这是椰子的一个营养特点。椰子在果实生长和营养生长中对氯的需求量相近。营养生长所吸收的养分以氯和氮最高，其次是钙、钾。整个生长期中，椰子对磷的吸收量最少。

我国大部分椰子种植在贫瘠的土壤上，主要分布在海南东部和南部沿海一带滨海松沙土、海积潮沙土、花岗岩砖红壤及玄武岩砖红壤等土壤上，土壤养分非常贫乏，氮、磷、钾含量很低，特别是速效磷极缺。土壤质量综合评价结果表明，海南省椰子园土壤综合质量总体偏低，大多地区养分处于中下水平。北中部砖红壤氮、磷、钾、钙、镁、铜、锌、铁、锰等养分在中等水平，滨海地区沙壤土养分含量较低。中国热带农业科学院椰子研究所的试验结果表明，椰子产量随叶片氮、磷含量增加而增加，与叶片氮、磷含量极显著相关。因此，氮肥和磷肥应成为椰子施肥的重点，尤其是氮肥

能使植株速生、叶片发育和早开花，故氮肥更应作为幼龄椰园施肥的重点。从椰子生长和开花结果产量的情况看，对长相、长势较差的低产椰园，应重施氮肥，其次是施磷肥，以增加椰果产量；对高产椰园，应在施氮肥、磷肥的基础上增施钾肥，以增加单果椰干的重量。

（二）椰子施肥技术

1.椰子幼树施肥

椰子长叶阶段的1～2龄幼树，应以施用氮肥为主，适当配施磷肥、钾肥。3～4龄幼树，叶片生长已定型，花芽开始形成，露茎后花苞即将抽出，此时应适当增施磷肥、钾肥，以利花苞发育，减少败育和公苞出现。中等肥力的土壤，1～3龄幼树每年每株施用有机肥20～30千克，尿素0.25～0.35千克，过磷酸钙0.25～0.5千克，氯化钾0.15～0.25千克；4～6龄幼树每年每株施用有机肥30～50千克，尿素0.35～0.5千克，过磷酸钙1千克，氯化钾0.35～0.5千克。施肥时间应在椰子生长发育速度快的3—9月，在旱前、雨后和土壤湿润的时候较为适宜。肥料以施用于树冠2/3处，深20厘米土层处为最好。

2.椰子成龄树施肥

成龄树施肥应根据土壤类型，应用土壤和叶片营养分析方法，了解椰园土壤肥力水平与椰子的营养状况和需求，科学施肥。滨海沙土的椰园要施用大量有机肥，山地砖红壤的椰园在施用氮肥、磷肥、钾肥的同时还要施用一定的粗盐，河流冲积土和有机质含量高的土壤，因土壤肥力水平高，在营养诊断基础上，以施用矿质肥料为主，尤其是氮肥、磷肥。中等肥力水平的成龄椰园每年施有机肥30～40千克，有用绿叶压青的每株施40～50千克。如果施用化肥，宜在土壤水分充足时施用，在干湿季节明显的地区宜在雨季施用，旱季施用则必须配合灌溉。但长期单纯施化肥对椰子生长和土壤性质都会产生不良影响，而且一旦中止施肥，椰子长势将受到严重抑制。因此，椰子施肥过程中还需要注意与有机肥配合施用。沿海地区海洋废弃物虾糠、鱼粉等含有丰富的养分，是椰子的良好肥料。海藻富含钾、磷，每株每年施25～50千克，肥效显著。海母、海草、海泥等也可作为椰子的肥源。另外，海南省椰园土壤均处于缺硼状态，应重视硼肥的施用，以改善海南省椰园土壤缺硼现象。

三、椰子病虫害识别与防治技术

（一）椰子病害识别与防治技术

1. 椰子灰斑病

（1）为害状。椰子灰斑病由掌状盘多毛孢引起，在高温多雨季节发生最重。病菌主要为害椰子下部叶片，发病初期，小叶片可见橙黄色小圆点，后扩展成灰色条斑，此时病斑中心转灰白色、暗褐色，然后由多个条斑汇合成不规则的灰色坏死斑。病害继续发展时，整张叶片干枯皱缩，似火烧状。病斑的边缘有暗褐色条带，外围有黄色晕纹。

（2）防治方法。①加强苗圃和大田的抚育管理，改善排水条件，增施钾肥，不偏施氮肥。②在发病初期用克菌丹（0.1%）、代森锰（0.28%）、王铜（0.1%）、百菌清（0.36%）、敌菌丹（0.3%）等喷施，每隔7～14天喷1次，视病情发展连续喷施几次。喷药前，清除和烧毁枯死或严重感病的叶片，减少病原菌传播。

2. 椰子芽腐病

（1）发生规律。椰子芽腐病由棕榈疫霉引起，该病菌侵染寄生性很强，在2—5月高湿、雨天或相对湿度90%以上及温度20～25℃时传播严重。5月以后，由于温度升高，该病的为害明显减弱，干旱季节不利于该病发生。

（2）为害状。发病初期，树冠中央未展开的嫩叶枯萎，呈淡灰褐色，随后下垂，最后从基部倾折。中央未展开的嫩叶基部腐烂

成糊状、发臭，已展开的嫩叶基部常见有水渍状斑痕。在潮湿条件下，病组织部位很快长出白色霉状物。此病从中间嫩叶的基部向里扩展到芽的细嫩组织，致使嫩芽枯死腐烂，此时植株不再长高，周围未被侵染的叶子仍可保持绿色。随后较老的叶片按叶龄凋萎并倾折，最终死亡。

（3）防治方法。①加强管理，多施有机肥、人畜土杂肥及钙肥或磷肥，排除积水，干旱时及时淋水使植株生长壮旺，以提高其抗病能力，可有效减少本病的发生率。②清除病株、病叶并深埋，以免病菌在适宜条件下传播侵染其他健康植株。③在未发病时喷1%波尔多液，重点喷施心叶及幼嫩部位，连喷数次。发病初期可用58%瑞毒霉锰锌可湿性粉剂600倍液、40%乙磷铝可湿性粉剂350倍液喷雾防治，均有较好的效果。

3. 椰子泻血病

（1）为害状。椰子泻血病是由奇异长喙壳菌从伤口侵入引起的真菌性病害，通常在大树上发生。发病初期病部出现细小变色的凹陷斑点，然后病斑扩大汇合，在树干上形成大小和长短不一的裂缝，小裂缝连成大裂缝。随着病情的发展，茎干内纤维素解体，茎干腐烂，从裂缝处流出铁锈状（红褐色）的黏稠液体。发病严重时叶片变小，继而树冠凋萎，叶片脱落，整株死亡。

（2）防治方法。①将病组织彻底挖除，并用0.1%硫酸铜溶液消毒，然后涂上波尔多液。②对病树加强抚育管理，增施水肥，加速病株恢复生长。

（二）椰子虫害识别与防治技术

1. 椰心叶甲

（1）为害状。椰心叶甲是我国棕榈植物重要的危险性入侵害虫，入侵海南已有十多年。椰心叶甲的成虫和幼虫取食寄主的未展开心叶，受害叶片展开后有褐色至灰褐色的狭长条纹，严重时条纹连接成褐色坏死条斑，整个寄主心部叶片呈焦枯似火烧状，导致树势减弱或死亡。

（2）防治方法。①选用具有触杀或胃毒效果的杀虫剂，稀释后对受害的椰子心叶喷施，如4.5%高效氯氰菊酯乳油2 000倍液、3%啶虫脒乳油1 500倍液、30%晶体敌百虫800倍液等或悬挂椰甲清、椰甲必治药包于椰子心部。②释放天敌寄生蜂，如椰心叶甲啮小蜂和椰甲截脉姬小蜂。

2. 二疣犀甲

（1）发生规律。二疣犀甲一年发生1代，因个体发育进度不一致，终年可见幼虫和成虫。幼虫和成虫在6—10月发生数量较多。成虫在9:00—19:00进行羽化，其寿命较长，可达150天以上，白天潜伏于隐蔽处，夜间飞行。成虫为害椰子的心叶和生长点，食其汁液，食后留下撕碎的残渣碎屑于洞外，依此可发现此虫为害心叶，且心叶尚未抽出时便被害，致抽出展开后叶端被折断而呈扇形，或叶片中间呈波纹状缺刻，受害较多时树冠变小且凌乱，严重影响植株生长和产量。

（2）防治方法。①做好田间卫生，清除田间死树树干和腐殖质；捕捉成虫和幼虫，利用成虫喜欢在腐殖质堆产卵的习性进行潜所诱杀，或者在腐殖质中撒入金龟子绿僵菌，防治其幼虫。②利用二疣犀甲诱捕器，在上面悬挂二疣犀甲信息素，能够大量诱捕二疣犀甲成虫，从而降低田间成虫基数。③用40%啶虫·毒死蜱乳油1 500~2 000倍液或20%氰戊菊酯乳油1 500倍液+5.7%甲维盐水分散粒剂2 000倍液混合液喷雾防治。

3. 红棕象甲

（1）发生规律。红棕象甲以成虫的飞翔做近距离传播，以各种虫态随染虫植株的调运做远距离传播。

（2）为害状。雌成虫将卵产入椰子叶柄、顶部树干或树干伤口。幼虫在寄主树干内取食幼嫩组织，在树体幼嫩组织部位进行钻蛀为害，最终导致生长点被破坏，树冠倒披或倾倒。观察树干或者叶柄基部有明显的钻蛀孔，钻蛀孔口处会流出液体，呈棕褐色；打

开寄主植物受害部位，可以看到错综复杂的蛀道，并可找到由寄主纤维包裹的红棕象甲蛹。

（3）防治方法。①加强园内管理，受害较重的植株应尽早清除、销毁，减少田间的虫口密度。②用红棕象甲的聚集信息素，诱杀红棕象甲的成虫，减少田间的种群数量。③选用内吸性杀虫剂对植株伤口及周围进行喷药或涂药处理。针对成虫喜欢在植株上的孔穴或伤口产卵的习性，可用沥青涂封或用泥浆涂抹孔穴或伤口，防止成虫产卵。

第十三章　茶树关键栽培技术

茶树是多年生常绿木本植物，是一年多次采收的芽用经济作物，以采收茶叶（幼嫩的新梢、嫩叶、嫩梢）为目标。茶被誉为世界三大饮品之一，具有较好的经济价值。茶叶中含有儿茶素、咖啡碱、肌醇、叶酸、泛酸等成分，可以促进人体健康。茶树喜温暖湿润气候，平均气温10℃时芽开始萌动，生长最适温度为20～25℃，要求年降水量在1 000毫米以上，喜光耐阴，适于在漫射光下生长。茶树对土壤酸碱度非常敏感，适宜生长在pH为4～6.5的酸性土壤中，但以pH为4.5～5.5的酸性土壤为最佳。由于茶树根系汁液中含有较多的有机酸，如果茶树生长的土壤环境为碱性，根系细胞就会因碱性物质的侵入而受到破坏。

中国是茶的故乡，是世界上最早发现、繁育、栽培茶树和加工利用茶叶的国家，也是世界上重要的茶叶生产国、消费国和贸易国。我国茶有绿茶、红茶、乌龙茶、白茶、黄茶、黑茶六大类型。2018年全球茶叶年产量达585.64万吨，同比增长约3%，同年我国18个主要产茶省（区、市）茶园面积共计4 395.6万亩，同比增加123万亩，增长率为2.9%；全国采摘茶园面积3 400万亩，同比增加190万亩，茶叶产量达261.6万吨。2018年国内茶叶销售量达到191万吨，较2017年增加9.3万吨，增幅为5.1%，市场内销额达到2 661亿元。近年来，我国茶生产快速发展，茶种植面积扩大，茶叶产量也不断增加，消费量也随之呈逐年上升之势，可见我国茶叶产业市场前景十分广阔。目前，我国茶园面积约4 400万亩，茶叶年产量约293.18万吨，分别占世界的60%和45%。

一、茶树种苗与栽植技术

茶园建设过程中应选择适应当地气候、土壤和制茶类型，且经过国家或省级审定的茶树品种进行栽培，并合理配置早、中、晚生品种。平地茶园可采用直线种植，坡地茶园可采用横坡等高种植；为满足田间机械作业要求，茶园可采用单行条植或双行条植方式种植。单行条植行距1.5～1.8米、丛距0.33米，双行条植行距1.5～1.8米、列距0.3米、丛距0.33米，每丛1～2株。

茶苗栽植前需要施足底肥，以有机肥和化肥为主，底肥深度一般要在30～40厘米。茶苗栽植时根系离底肥10厘米以上，以免底肥烧伤茶苗。

二、茶树营养特性与施肥技术

（一）茶树营养特性

茶树生长发育过程中在养分吸收利用方面表现出明显的持续性、阶段性和季节性。不同树龄的茶树个体发育阶段不同，对养分的吸收也不同。幼龄茶树生命力强、生长快，主要处于营养生长阶段，所吸收的养分主要用于根、茎、芽和叶的生长。据中国农业科学院茶叶研究所资料，一年生茶苗对氮、磷、钾吸收量分别为316毫克/株、51.7毫克/株和156毫克/株，随着苗龄增加，吸收的养分逐年增加2.32～5.14倍，磷和钾吸收比例也有所增加。青年期茶树是生长发育旺盛的时期，地上部和根系均生长旺盛，此时期吸收的养分多，对养分的吸收效率高，需要补充的养分也多。成龄茶树是生长发育相对稳定的时期，生殖生长和营养生长同时进行，茶树吸收的养分主要用于形成产量的新梢，但仍有部分养分要用于开花和结果。

茶树的需肥特性与茶树年生长周期、季节性及土壤条件等密切相关。不同地区、不同品种和不同生长阶段的茶树，对氮、磷、钾的吸收比例存在差异。在气温高、雨水丰富的季节，茶树的干物质累积加快，茶树干物质在9月增幅最大，12月至翌年3月最小。春季茶树的营养生长最旺盛，芽叶多；夏、秋季茶树的生殖生长最旺盛，尤其是6月以后，新生的生殖器官不断形成，老的生殖器官不断成熟，此阶段对磷的需求比氮更为迫切，若施肥时磷多氮少，则容易造成开花结果多，影响茶叶产量，生产上可以根据不同时期的施肥来调节茶树的营养生长和生殖生长，从而保证茶叶的产量。一般来说，生产绿茶的茶园需适当提高氮素施用的比例，生产红茶的茶园则要适当提高磷、钾等营养元素的比例。安徽省农业科学院茶叶研究所试验结果表明，红黄壤地区氮、磷、钾3种营养元素的比例以3∶1.5∶1为宜，红壤地区则以2∶1∶1为好。从茶树整个生育周期和年生育周期来看，茶树对氮吸收最多，对磷吸收最少，对钾的吸收量介于两者之间。

　　根据中国农业科学院茶叶研究所研究资料，目前我国茶园的养分投入总量（$N+P_2O_5+K_2O$）平均为796千克/公顷，各部分省（市、区）年均氮（N）投入量为280～744千克/公顷，平均为491千克/公顷；磷（P_2O_5）投入量为71～241千克/公顷，平均为147千克/公顷；钾（K_2O）投入量为75～242千克/公顷，平均为158千克/公顷。按养分总量投入计算，约36%的茶园属于养分高投入（总养分≥750千克/公顷）茶园，茶园养分投入比例（$N∶P_2O_5∶K_2O$）平均为1∶0.32∶0.34。从养分投入组成来看，有机肥养分年用量（纯养分计）为35～1 200千克/公顷，平均占茶园养分总投入量的15%，其中有机肥的N、P_2O_5和K_2O投入量分别为49千克/公顷、32千克/公顷和40千克/公顷，占养分总投入量的10%、22%和25%。我国部分省（市、区）有机肥施用普及程度很低，茶区推行有机肥替代化肥仍有较大空间。与国际上主要产茶国相比，我国茶园氮素养分用量明显偏高，如以红茶为主的印度、斯里兰卡和肯尼亚，茶叶平均产量为我国的1.5～2.1倍，氮施肥量一般低于300千克/公顷。以绿茶为主的日本，茶园氮肥平均用量为540千克/公顷，但是日本

茶叶平均产量为1 840千克/公顷，为我国的1.8倍。

茶树的养分需求与茶叶产量、土壤条件、茶叶品质形成关系密切。我国茶叶种类繁多，品质要求复杂，茶叶采摘标准多样，茶园立地条件多变，难以直接依据产量水平、土壤条件确定养分用量（表13-1）。考虑到土壤氮、磷、钾等主要养分循环特点，以及我国现阶段生产高度分散的情况，中国农业科学院茶叶研究所提出了氮素总量控制、磷钾基准养分配比、中微量元素因缺补缺的技术路线，确定茶园养分用量。氮（N）、磷（P_2O_5）和钾（K_2O）的初步限量标准是450千克/公顷、150千克/公顷和150千克/公顷，适宜用量范围根据茶类和产量水平进行调整，总体范围为氮200～450千克/公顷，磷、钾分别为60～90千克/公顷和60～120千克/公顷。其中磷、钾养分的用量可根据土壤测试结果进行调整，充足时低水平维持施肥，缺乏时高水平补充。南方茶园如云南、福建、广西、广东、江西等地茶园适当配施镁肥，微量元素因缺补缺，只在土壤分析显示缺乏时施用。

表13-1　茶园养分适宜用量和限量

茶类	养分	适宜用量/（千克·公顷⁻¹）	限量/（千克·公顷⁻¹）	备注
名优绿茶	氮（N）	200～300	300	根据产量和土壤条件进行调整
大宗茶		300～450	450	
红茶		200～300	300	
乌龙茶		300～400	450	
各茶类	磷（P_2O_5）	60～90	150	
	钾（K_2O）	60～120	150	
	镁（MgO）	40～60	—	
	硫酸锌	土施10～15	—	根据土壤检测，缺乏时使用
	硫酸锰	土施15～30	—	
	硫酸铜	土施4.5～7.5	—	
	硼砂	土施3～6	—	

从茶树的营养需求来看，茶树营养有四大特点，即喜铵性、嫌钙性、聚铝性和低氯性。①喜铵性：茶树体内氨基转移酶活性较强，而硝酸还原酶活性较弱，易将铵态氮转化为氨基酸，但不容易将硝态氮转化为铵态氮后再合成氨基酸，所以相对偏好吸收铵态氮。②嫌钙性：茶树对钙的需求量比一般作物低10倍以上，土壤中活性钙超过0.2%时，茶树生长会受到影响，严重时会引起植株死亡。③聚铝性：适当高含量的铝可促进茶树根系发育和增强叶片光合作用，促进茶氨酸和儿茶素的代谢及磷素的吸收。④低氯性：茶树对氯需求量很少，幼龄茶树易受到氯害，成年茶树对氯不敏感。

（二）茶树施肥技术

科学合理施肥能维持茶树的旺盛生长态势，发挥施肥的增产作用，保持和提高茶叶的优良品质，同时有利于恢复和提高土壤肥力。茶树施肥应该根据土壤理化性质、茶树长势、预计产量、制茶类型及气候条件等，确定合理的肥料种类、数量和施肥时间、方法，开展茶园测土平衡施肥，基肥和追肥配合施用。目前茶园推荐施肥方案中，氮肥以"一基三追"四次施肥为主，通过施用秋冬基肥、春肥或催芽肥、夏肥、秋肥，及时补充由采摘和树冠修剪造成的养分损失，助力树冠恢复。有机肥、磷钾肥则在秋冬基肥期一次性施入。一般成龄采摘茶园全年氮（按纯氮计，N）用量为20～30千克/亩，磷（P_2O_5）4～8千克/亩，钾（K_2O）6～10千克/亩。在施肥过程中，宜多施用有机肥，化肥和有机肥尽量配合施用。

不同时期所施用的肥料有所不同，具体如下。

（1）基肥。当年秋摘结束后施用，有机肥与化肥配合施用，平地和宽幅梯级茶园在茶行中间、坡地开沟深施，窄幅梯级茶园于上坡位置或内侧位置开沟深施，深度均为20厘米以上，施肥后及时覆土。一般基肥施用量为6～12千克/亩（占全年的30%～40%），并根据土壤条件，配施磷肥、钾肥和其他所需营养。

（2）追肥。追肥结合茶树生育规律进行，在各季节茶叶开采前20～40天施用，以化肥为主，开沟施入，深度为10厘米以上，施肥位置与基肥相同，追肥不可采用撒施，因为撒施的肥料主要落于地表，径流损失大，而且养分也主要分布于表面，同时由于根系具趋肥特性，造成深层根系减少，从而降低茶树对干旱等的抗性。施肥后及时覆土，追施氮肥用量每次不超过15千克/亩。

（3）根外追肥。根外追肥可及时补充茶树缺乏的营养元素，吸收效率高，能够保证茶树产量和品质。可喷施大量元素，如尿素、磷酸二氢钾等，也可以喷施中微量元素肥料，如硫酸锌、硫酸镁等。大量元素肥料追施浓度一般控制在0.5%～1%，中微量元素控制在50～500毫克/千克。叶面喷施应与土壤施肥相结合，采摘前10天停止施用。

三、茶树修剪与采摘技术

茶园管理过程中需要根据茶树的树龄、长势等采取定形修剪、轻修剪、深修剪、重修剪和台刈等方法进行茶树修剪，以培养"优化型"树冠，复壮树势。经过重修剪和台刈改造的茶园应及时清理树冠，可用波尔多液冲洗树干，防止苔藓和剪口病菌感染。对于覆盖度较大的茶园，为了使相邻茶行树冠外缘保持20厘米左右间距，需要每年进行茶行边缘修剪。另外，对于茶树修剪后的病虫枝条应及时清理出茶园。

茶叶采摘应遵循采留结合、质量兼顾和因园制宜的原则，根据茶树生长特性和各茶类对加工原料的要求，按照已有标准，适时采摘。采摘可以手工采茶或机械采茶，手工采茶要求提手采，保持芽叶完整、新鲜、匀净，不夹带鳞片、鱼叶、茶果和老枝叶，不宜捋采和抓采。机械采茶要求发芽整齐、生长势强、采摘面平整，采茶机械应使用无铅汽油和机油，防止污染茶叶、茶树和土壤。鲜茶叶储运应采用清洁、通风良好的竹编、网眼茶篮或篓筐盛装鲜叶。

四、茶树病虫害识别与防治技术

（一）茶树病害识别与防治技术

1. 茶饼病

（1）发生规律。茶饼病是由坏损外担菌引起的严重的真菌病害，病菌菌丝体潜伏于病叶的活组织中越冬和越夏。翌年春秋季，平均气温15～20℃，相对湿度85%以上时，菌丝开始生长发育产生担孢子，随风雨传播进行初侵染，并在水膜的条件下萌发，芽管直接由表皮侵入寄主组织，在细胞间扩展直至病斑背面形成子实层。担孢子成熟后又飞散传播进行再次侵染。

（2）为害状。嫩叶上初发病时为淡黄色或红棕色半透明小点，后渐扩大并下陷成淡黄褐色或紫红色的圆形病斑，直径为2～10毫米，叶背病斑呈饼状突起，并生有灰白色粉状物，最后病斑变为黑褐色溃疡状，偶尔也有在叶正面呈饼状突起的病斑，叶背面下陷。叶柄及嫩梢被感染后，膨肿并扭曲，严重时病部以上新梢枯死。

（3）防治方法。①加强栽培管理，勤除杂草，适当增施磷钾肥，以增强茶树抗病性。②及时采茶，清除病原，减少病害发生率。发病严重茶园冬季可用0.3～0.5波美度石硫合剂封园，早春用0.6%～0.7%石灰半量式波尔多液。③发病期间可用0.2%～0.5%硫酸铜、0.2%硫酸镍、70%甲基托布津可湿性粉剂1 000倍液或100摩尔/升多抗霉素喷施。

2. 茶树炭疽病

（1）发生规律。茶树炭疽病是由炭疽菌属真菌引起的叶部病害，病菌以菌丝体或分生孢子盘在茶树病组织里越冬，翌年天气回暖后分生孢子开始借雨水飞溅传播，在湿度大的条件下不断进行再侵染，尤其在阴雨连绵的梅雨和秋雨季节传播迅速。

南方特色经济作物关键栽培技术

（2）为害状。主要为害当年生成叶，老叶和嫩叶发病较少。病菌侵染后，先在叶片边缘产生水渍状绿色病斑，随后扩展为半透明黄褐色不规则病斑，边缘浸润性逐渐扩大，后期由褐色变为灰青色，病、健组织分界明显，病斑大小常以中脉为界，病部生出黑色小粒点。

（3）防治方法。①冬季清园修剪时将残枝落叶清理出茶园，用石硫合剂喷洒1～2遍，也可以用哈茨木霉、枯草芽孢杆菌、氨基寡糖素进行防治。②雨季到来前，喷洒50%苯菌灵可湿性粉剂1 500倍液、36%甲基硫菌灵悬浮剂600倍液、25%炭特灵可湿性粉剂600倍液或40%百菌清悬浮剂600倍液。③非采茶期也可喷洒12%绿乳铜乳油600倍液、30%绿得保悬浮剂400～500倍液、47%加瑞农可湿性粉剂800倍液或0.7%石灰半量式波尔多液。

3. 茶白星病

（1）发生规律。茶白星病由真菌引起，病菌以菌丝体、分生孢子器在病叶或病茎中越冬。翌年春季春茶树初展期，分生孢子器中释放出大量分生孢子，通过风、雨传播，在湿度适宜时侵染幼嫩茎叶，经1～3天潜育，开始形成新病斑，病斑上又产生分生孢子，进行多次重复再侵染，使病害不断扩展蔓延。

（2）为害状。嫩叶染病初期产生针尖大小褐色点，后逐渐扩展成直径1～2毫米大小的灰白色圆形斑，中间凹陷，边缘具暗褐色至紫褐色隆起线。湿度大时，病部散生黑色小点，病叶上病斑数达几十个至数百个，有的相互融合成不规则形大斑，导致叶片变形或卷曲。叶脉染病叶片扭曲或畸形。嫩茎染病时病斑暗褐色，后呈灰白色，病部亦生黑色小粒点，病梢节间长度明显短缩，百芽重减少，对夹叶增多。发病严重时病斑蔓延至全梢，形成梢枯。

（3）防治方法。①在冬季清园时，将残枝落叶清理出茶园，用石硫合剂喷洒1～2次，也可以使用哈茨木霉菌、枯草芽孢杆菌、氨基寡糖素进行防治。②发病初期喷洒75%百菌清可湿性粉剂750倍液、36%甲基硫菌灵悬浮剂600倍液、50%苯菌灵可湿性粉剂

1 500倍液、70%代森锰锌可湿性粉剂500倍液或25%多菌灵可湿性粉剂500倍液。

4. 茶云纹叶枯病

（1）发生规律。茶云纹叶枯病由真菌引起，病菌以菌丝体或分生孢子盘在发病组织或土表落叶中越冬，翌年形成分生孢子，遇水萌芽，随风吹、雨溅传播，并从茶树表皮或伤口侵入，经过5～8天出现新病斑。

（2）为害状。老叶和成叶上的病斑多发生在叶缘或叶尖，初为黄褐色水渍状，半圆形或不规则形，后变褐色，1周后病斑由中央向外渐变灰白色，边缘黄绿色，形成深褐色、浅褐色、灰白色相间的不规则形病斑，并生有波状、云纹状轮纹，后期病斑上产生灰黑色扁平圆形小粒点，沿轮纹排列。嫩叶和芽上的病斑褐色、圆形，以后逐渐扩大，呈黑褐色枯死状。嫩枝发病后引起回枯，并向下发展到枝条。枝条上的病斑灰褐色，稍下陷，上生灰黑色扁圆形小粒点。果实上的病斑黄褐色，圆形，后呈灰色，上生灰黑色小粒点，有时病部开裂。

（3）防治方法。①秋茶结束后，结合冬耕将土表病叶埋入土中，同时摘除树上病叶，清除地面落叶，并及时带出园外处理，以减少来年初侵染源。②加强茶园管理，做好抗旱、防冻及治虫工作，增施有机肥以增强抗病性。③发病初期，可选用75%百菌清可湿性粉剂800倍液、50%多菌灵可湿性粉剂1 000倍液、50%苯菌灵可湿性粉剂或70%甲基托布津可湿性粉剂1 500倍液进行防治。非采摘茶园还可喷施0.7%石灰半量式波尔多液。

（二）茶树虫害识别与防治技术

1. 茶毛虫

（1）发生规律。茶毛虫属鳞翅目，毒蛾科，黄毒蛾属，雌蛾产卵于老叶背面，幼虫老熟后爬至茶丛根际枯枝落叶下或浅土中结茧化蛹，成虫有趋光性。该虫害一般以春、秋两季发生严重。

（2）为害状。幼龄幼虫咬食茶树老叶成半透膜，咬食嫩梢、成叶成缺刻。幼虫群集为害，常数十至数百头聚集在叶背取食，为害严重时茶树叶片被取食殆尽。幼虫咬食叶片，严重时连芽叶、树皮、花和幼果都吃光。茶毛虫幼虫、成虫体上均具毒毛、鳞片，触及人体皮肤后红肿痛痒，影响农事操作。

（3）防治方法。①人工摘除越冬卵块，捕杀幼虫。②结合中耕培土适时灭蛹，点灯诱杀成虫。③在幼虫3龄以前，可用90%晶体敌百虫、50%马拉松乳剂、25%亚胺硫磷乳油或50%杀螟松乳油1 000～2 000倍液喷杀。

2.茶瘿螨

（1）发生规律。茶瘦螨又称为茶紫瘿蜗、茶紫锈壁虱、紫锈蜘蛛，一年发生十多代，主要以成螨在叶背越冬，气温25～28℃、相对湿度70%～80%及少雨条件下易大发生。

（2）为害状。茶瘿螨主要刺吸成叶和老叶，茶叶被害后，叶面色暗淡且无光泽，沿叶脉散布许多灰白色蜕皮壳，进而叶面逐渐呈现紫铜色，叶质变脆易裂，两侧略向上卷曲，最后干枯脱落，显著影响茶树生长和茶叶产量。

（3）防治方法。①严防定植有螨苗木。②注意清除茶园落叶和杂草，受害茶园适当增加采摘次数，及时采摘。③繁殖捕食螨或食螨瓢虫，在茶园进行释放防治。④发生初期用1.8%虫螨光、1%灭虫灵、50%螨代治喷施；在茶季结束的秋末，可喷0.5波美度的石硫合剂或45%晶体石硫合剂。

3.茶蚜虫

（1）发生规律。茶蚜虫又称茶二叉蚜、可可蚜，俗称蜜虫、腻虫、油虫，华南地区以无翅蚜越冬，甚至无明显越冬现象，在其他地方一般以卵在茶树叶背越冬。新梢是茶蚜虫最喜欢的食料，所以新芽下第一、第二叶上的虫量最大。早春虫口以茶丛中下部嫩叶上较多，春暖后以蓬面芽叶上居多。在气温16～25℃、相对湿度在70%左右的晴天条件下茶蚜繁育最快。

（2）为害状。茶蚜聚集在新梢嫩叶背及嫩茎上刺吸汁液，受害芽叶萎缩，伸展停滞，甚至枯竭。茶蚜排泄的蜜露，可招致霉菌寄生，导致被害芽叶制成干茶后，泡出的茶汤色暗、混浊、带腥味，对茶叶产量和品质均有严重的影响。

（3）防治方法。①利用天敌防治，主要有瓢虫、草蛉、食蚜蝇等捕食性天敌和蚜茧蜂等寄生性天敌。②使用黄板诱杀，控制有翅蚜的迁徙。③使用苦参碱、鱼藤酮、白僵菌、除虫菊素等生物源农药。④为害较重的茶园以低浓度药液扫喷为宜，药剂可选用10%吡虫啉可湿性粉剂，用量为10～15克/亩。

第十四章　油茶关键栽培技术

　　油茶是茶科、油茶属的常绿小乔木，别名茶子树、茶油树、白花茶。油茶主要包括普通油茶、浙江红花油茶、攸县油茶等，其中普通油茶生态适应区最广。普通油茶树高4～6米，冠幅最大6～8米，叶片革质，单叶互生，边缘有细锯齿，花为两性花，茶果有球形、扁圆形、橄榄形等，种子茶褐色或黑色。油茶种仁含油率36%，可以榨油；榨出的茶油色清味香，营养丰富，维生素A和维生素E含量高，有"东方橄榄油"的美称。油茶喜温暖，怕寒冷，要求年平均气温为16～18℃，花期要求平均气温为12～13℃，突发低温或晚霜会造成落花、落果。油茶要求有较充足的阳光，否则只长枝叶，结果少，种仁含油率低；也要求水分充足，年降水量一般在1 000毫米以上，但花期连续降水，会影响授粉。油茶适宜在坡度缓和侵蚀作用弱的地方栽植，对土壤要求不严，一般适宜在土层深厚的酸性土上栽植。

　　我国是世界油茶的自然分布中心，油茶栽培历史悠久，早在2 300多年前就已经开始取油茶果榨油以供食用。油茶是我国南方最重要的木本油料作物，我国油茶籽油产量占全球90%以上。我国油茶栽培区主要集中在浙江、江西、河南、湖南、广西。近年来，我国油茶生产能力显著提升，各油茶产区、各部门对油茶产业发展高度重视，大力推广优良品种、扩大种植面积、改造中低产林。目前，全国油茶种植面积达到6 700万亩，处于产前期和盛产期的面积分别达到2 545万亩、4 132万亩。2020年，我国油茶高产林面积已超过1 400万亩，油茶籽、茶油产量分别达到314万吨、72万吨，较"十三五"规划（2016—2020年）初的216万吨、54万吨分别增加了45.4%、33.3%。

一、油茶种苗与栽植技术

油茶种苗应根据种植区域气候环境条件和种苗适应性选择适合当地条件的国家或各省审（认）定的油茶良种，并根据主栽品种的特性，配植花期相遇、亲和力强的适宜授粉的品种。油茶纯林栽植密度宜采用2.5米×2.5米、2.5米×3米或3米×3米等株行距，若需要间种或便于机械作业，栽植株行距可调整为2米×4米、2.5米×5米或3米×5米。油茶苗定植前按照株行距定点开穴或按行距进行撩壕，穴规格为60厘米×60厘米×60厘米以上，撩壕的宽、深均为60厘米。油茶幼苗定植前60天施用有机肥，定植前20～30天在定植穴中放入腐熟的土杂肥10～30千克或有机肥1～2千克，并回填表土。

油茶苗栽植时期为冬季11月下旬至翌年春季3月上旬（中心栽培区），以2月上旬至下旬为最适。油茶苗为裸根苗时需带土或者蘸泥浆后栽植，容器苗栽植前需浇透水，并去除容器杯。栽植时将苗木放入穴中央，舒展根系，扶正苗木，边填土边提苗、压实，嫁接口与地面持平或略高于地面。栽植后浇透定根水，并用稻草等覆盖小苗周边。

二、油茶营养特性与施肥技术

（一）油茶营养特性

油茶是我国特有木本油料树种，秋花秋实，花和果同时存在，其果实生长与新梢生长交替进行。3月初春梢开始生长，3—5月是春梢生长最旺盛的季节，5月底春梢停止生长后，果实开始快速增长，6—7月油茶果实的体积增大速度最快。根系第一次高峰从12月开始，发根数量比较多，第二次高峰出现在秋梢停止生长以后。

油茶根系主要集中在0～40厘米土层，5～15年生油茶根幅在2米以内，16～30年生油茶根幅可扩展到4米左右。油茶从种子萌发到幼龄期，再到盛果期，不断从土壤中吸收各种大量元素和微量元素来满足生长发育的需要。油茶树器官的营养元素平均含量呈现出氮＞钾＞镁＞钙＞磷的趋势，营养元素平均含量最高的是果和叶，最低的是树干。叶和枝的氮、磷、钾含量是随林龄增大而逐渐减少，枝中钙含量是随枝龄增大而增加。

油茶整个生育期需肥量大，不同生长期对营养元素需求也不同，油茶苗期及幼林对氮需求量高，而成林则对钾需求量较高。苗期养分需求量表现为氮＞钙＞钾＞镁＞磷，幼林大量元素需求量为氮＞钾＞磷。油茶幼林每形成1千克干物质，需吸收氮（N）6.35克、磷（P_2O_5）0.59克、钾（K_2O）4.32克、钙3.68克、镁0.84克、硼0.016克、锌0.041克、铁0.240克、铜0.004克。油茶成林大量元素需求量为钾＞氮＞磷，每形成1千克干物质，需吸收氮3.75克、磷0.52克、钾4.77克、钙3.4克、镁0.64克、硼0.016克、锌0.012克、铁0.226克、铜0.004克。广西壮族自治区、中国科学院广西植物研究所试验数据表明，油茶每生长100千克新梢需从土壤中吸收氮0.9千克、磷0.22千克、钾0.28千克，每生产100千克果实需从土壤中吸收氮1.11千克、磷0.85千克、钾3.43千克。由于油茶生长发育过程中需要从土壤中吸收大量营养元素，易造成土壤养分不足，致使油茶生长缓慢、产量下降，产生明显大小年的不良现象。

施肥是提高油茶产量的重要措施。施肥的种类和用量、施肥的时期和方式对油茶的营养生长、开花结果和种子出油率等都有重要影响。大量试验表明，氮肥单施对油茶的营养生长有明显的促进作用，可促进新梢、叶、花芽、种仁等产量构成因素的生长，可明显增加产油量并减少大小年间的产量差异；但氮肥用量过多会促进夏梢生长、延长花期、增加落花落果、降低种仁含油率，导致肥料效率显著降低。施磷肥和钾肥可促进油茶侧根的分化和生长，提高坐果率。单施氮肥、磷肥、钾肥通常都会起到一定的增产作用，但增产幅度远小于配合施用的效果。

（二）油茶施肥技术

油茶的幼年阶段包括胚芽期、幼苗期、幼年期。幼年期是油茶植株完全脱离胚胎的营养生长，依靠光合作用进行独立营养生长的阶段。油茶幼年期的时长因物种和品种不同而有所差异，普通油茶幼年期一般为5～6年。幼树的营养生长直接关系到结果期的油茶产量，因而对油茶幼年期的施肥管理十分重要。

1. 幼龄油茶施肥

油茶种植前4年应及时中耕除草，扶苗培兜，每年夏、秋季松土、除草各1次。幼龄油茶每年施肥2次，春季施用速效肥料，每株施用尿素0.5千克。冬季施用火土灰或腐熟有机肥，每株施用2千克。另外，在幼林地可间种花生、豆类及黑麦草、紫云英等绿肥，并及时收割培肥，间种作物要与油茶保持60厘米以上距离。

2. 成年油茶施肥

成年油茶6—7月铲除杂草1次，在12月至翌年1月每2年深翻土层1次。成年油茶树在大年以施用磷肥、钾肥和有机肥为主，在小年以施用氮肥和磷肥为主。每年每株油茶施用复合肥0.5～1千克以上或有机肥1～3千克，且以施用有机肥为主，沿树冠投影开环状沟施用，并及时覆土。

在油茶花期（11—12月）喷施硼肥、磷酸二氢钾等叶面肥，每15～20天喷施1次，叶面肥含有多种微量元素和植物所需的营养成分，能够使油茶树健康地生长。此外也可在7—9月油脂转化高峰期喷施叶面肥，可显著提高果实含油率。对于土壤贫瘠、有机质含量低的油茶林地，可在春、秋两季于油茶树兜60厘米范围或树冠投影之外间作黑麦草、三叶草、牛尾草等。每年将割下的草垫覆于地表，既能防止土壤干燥，又可成为有机质供应源，通过多年的种植，逐步改良土壤。

三、油茶树修剪与采收技术

油茶林管理中每年果实采收后至翌年树液流动前，需要及时剪除枯枝、病虫枝、交叉枝、细弱内膛枝、脚枝、徒长枝等。修剪时要因树制宜，剪密留疏，去弱留强，弱树重剪，强树轻剪。

油茶果实成熟的标志为果皮光滑、色泽变亮，果实充分成熟才能采收。油茶果实成熟后要及时采收，进行室外晾晒，促进果实开裂，待果实开裂、种子自动脱落后捡取种子。

四、油茶病虫害识别与防治技术

（一）油茶病害识别与防治技术

1. 油茶炭疽病

（1）发生规律。油茶炭疽病由真菌中的胶孢炭疽菌所致。病害终年都有发生。果实炭疽病一般发生于5月初，8—9月为发病盛期，并引起严重的落果现象，而且可以延续到霜降前后。

（2）为害状。果实发病，初期出现黑色小点，后扩大为圆形病斑，偶有紫红色，边缘有时具轮纹，大小、深浅不一；后期出现黑色点状物，即为病菌的分生孢子盘；下雨或露水后，常产生粉红色的分生孢子盘。感病果实大多数脱落或开裂。叶片发病，初时出现红色小点，扩大后呈棕色圆形，或不规则形病斑；老病斑下陷，中心灰白色，其上密布褐色小点，边缘有宽紫红色环。嫩梢发病，病斑多发生在春梢、夏梢基部，呈长椭圆形或梭形，略下陷，边缘淡红色，后期呈黑褐色，中部微带灰色，皮易翘裂剥落；当病斑绕梢一圈时，病梢即枯死。枝条发病，病斑呈梭形溃疡，内部不规则凹陷；在大枝上病害多发生于枝干交叉或机械损伤处，形成溃疡斑，形状不一。患病处下凹，木质部变黑，病斑纵向扩展大于横向。

（3）防治方法。①加强管理措施，清除油茶园内病枝、病叶、枯梢，并且控制油茶林密度，使林内通风透光，降低湿度。②严格检疫，选用高抗新品种。③于6月底高峰期前后，每隔半月喷1次50%多菌灵可湿性粉剂500倍液或50%退菌特可湿性粉剂300倍液。在12月至翌年2月，配合抚育管理对树体和地面施用50%多菌灵可湿性粉剂500倍液。

2. 油茶软腐病

（1）发生规律。油茶软腐病病原为油茶伞座孢，其分生孢子座初埋生，后突破表皮而离生，能越冬并且能侵染寄主，具有菌核特性。

（2）为害状。叶片发病，初期出现针尖样大小黄色水渍状小圆斑。阴雨天气，病斑会迅速扩大为圆形、半圆形或不规则形，呈棕黄色或黄褐色。同一张叶上，侵染点可能有一个或者多个，病斑逐步扩大相互联合成不规则大病斑，可进一步扩展到整个叶片。芽、嫩梢发病，受害芽梢初呈淡黄褐色，并很快枯萎死亡。果实发病，最初出现水渍状淡黄色小斑点，与炭疽病的初期症状很相似，但软腐病斑色泽较深，在病斑中心处有一隆起的蘑菇状小点。此后，病斑迅速扩大为圆形或不规则形，呈土黄色至黄褐色，病组织软化腐烂，有时有棕色汁液流出，感病果实大量脱落。

（3）防治方法。①冬春季节清除病叶、病果，减少越冬病菌。②适当整枝修剪，清除脚枝、萌枝、下垂枝，以通风透光，减少发病率。③病害发生前做好防病工作，可使用0.8%波尔多液，还可喷洒50%退菌特可湿性粉剂1 000～1 500倍液或75%甲基托布津可湿性粉剂300～500倍液。在病害高峰期再喷1～2次，间隔20~·25天。

3. 油茶根腐病

（1）为害状。病菌最先侵染苗木地面附近根颈部。起初，病株组织出现褐色，上面很快长出白色绵毛状物，并以网状向上部及

土壤表面扩展，形成白色绢丝状膜层。以后，在膜层中逐渐形成白色的小颗粒，继而扩大成油茶籽状，颜色由白色变成黄色，又变成褐色。部分重病植株根颈部表面有灰白色菌丝体。病株地上部表现为新叶黄化，春梢短小，开花结果数量少，即使结果也会逐渐脱落。有的油茶树发病轻，可能2～3年都没有枯死，但大多树冠矮小、稀疏，树叶发黄，落花落果落叶比正常树要多，产量很低。

（2）防治方法。①做好圃地排水工作，施足基肥，增施有机肥，有利于提高苗木抗病能力。②育苗前，每亩喷洒1%硫酸铜溶液或施用消石灰进行土壤消毒。③发现病株及时拔除，清除附近带菌土，再用1%硫酸铜溶液浇灌未感病的苗木根部，防止病菌扩散。

（二）油茶虫害识别与防治技术

1. 油茶尺蠖

（1）发生规律。油茶尺蠖又叫油茶尺蛾，一年发生1代，以蛹在油茶树周围疏松土壤中越冬，翌年2月中下旬开始羽化、交尾、产卵。2月下旬至3月上旬为产卵盛期，3月下旬孵化出幼虫，6月上中旬幼虫老熟后下树化蛹、越夏、越冬。

（2）为害状。幼虫取食油茶树叶，常使油茶树早期落果，造成重大损失。为害严重时，常吃光叶片，造成果实还未成熟就脱落。

（3）防治方法。①秋季结合培土将蛹埋在6厘米以下土中，使之不易羽化。②利用成虫假死性，于清晨进行捕打或用灯光诱杀。③幼龄幼虫期可喷洒20%氰戊菊酯乳油2 000～3 000倍液或2.5%鱼藤酮乳油300～400倍液进行防治。

2. 油茶毒蛾

（1）为害状。幼龄幼虫咬食油茶老叶成半透膜，咬食嫩梢、成叶成缺刻。幼虫群集为害，常数十至数百头聚集在叶背取食。为害严重时油茶叶片被取食殆尽。除为害油茶外，还为害茶树、山茶等。

（2）防治方法。①培土7～10厘米，打实，使土中蛹不能羽化或烧毁地面枯枝落叶层中的蛹。②初龄幼虫有吐丝下垂的习性，群集性强，叶片被害状明显，将枯黄或灰白色膜质被害叶片摘掉，将幼虫杀死。③可在早春摘除越冬卵块。④用25%鱼藤酮100克加水50～60千克，再加0.1%～0.3%肥皂，杀虫率可达90%以上。⑤用肥皂水浸泡幼虫，将肥皂或棉油皂切成薄片，用少量水煮溶，再加水配成150～200倍液，将有虫枝叶浸入肥皂水内，随即取出，杀虫率可达100%。

第十五章 甘蔗关键栽培技术

甘蔗是甘蔗属多年生高大实心草本植物，是重要的糖料作物。甘蔗根状茎粗壮发达，秆高3～6米，直径2～4厘米，具20～40节，下部节间较短而粗大，节间实心，外被有蜡粉，有紫色、红色或黄绿色等。叶子丛生，叶片有肥厚的白色中脉。甘蔗为喜温、喜光作物，要求年积温5 500～8 500℃，无霜期330天以上，年均空气湿度60%，年降水量800～1 200毫米，日照时数1 195小时以上。最适合种植甘蔗的区域为北纬24°以南且土壤肥沃，阳光充足，冬、夏季温差大的地方。甘蔗一年收获1次，生长周期为7～9个月，生长周期比较长。

甘蔗原产于印度，现广泛种植于热带及亚热带地区。甘蔗种植面积最大的国家是巴西，其次是印度，中国位居第三，种植面积较大的国家还有古巴、泰国、墨西哥、澳大利亚、美国等。我国的甘蔗主产区主要分布在北纬24°以南的热带、亚热带地区，包括广东、台湾、广西、福建、四川、云南、江西、贵州、湖南、浙江、湖北、海南12个南方省区，其中每年甘蔗产量最大的4个省区为广西、云南、广东、海南。2018年世界甘蔗种植面积为2 626.98万公顷，同比增加0.54%；2019年世界甘蔗种植面积约2 661.13万公顷，同比增加1.3%。2018年世界甘蔗产量为19亿吨，同比增加2.63%；2019年世界甘蔗产量约为19.3亿吨，同比增加1.56%。2020年我国甘蔗种植面积为135.34万公顷，产量为10 812.10万吨，单位种植面积产量为79 888.43千克/公顷。

一、甘蔗种苗与栽植技术

甘蔗种苗需具有高产、高糖和抗逆性强等特性，并适应当地环境条件和满足制糖工艺要求。甘蔗一般进行全茎种植，种茎选好后需进行斩种，在每段种茎上仅需留2～3个芽及1个平整切口。蔗种准备好后可采用2%的石灰石溶液浸泡，或者采用0.1%多菌灵溶液浸泡10分钟进行消毒，降低病虫害发生概率。当土表10厘米处的土壤温度稳定在12℃以上就可以下种，一般下种时间为秋植蔗8—10月，冬植蔗11月初至翌年1月下旬，春植蔗2月初至3月下旬。秋植蔗下种量为每亩2 500～3 000段双芽种茎，冬植蔗为每亩3 500～4 000段双芽种茎，春植蔗为每亩3 000～3 500段双芽种茎，将蔗苗密度控制在每亩基本苗数为5 000～6 000株。在蔗种栽植过程中可每畦两行，进行双行三角排放，两行种茎间距5～10厘米，蔗种及蔗芽呈直线排列，朝向两侧平放，保证蔗芽与土壤之间处于紧密接触状态，覆土厚度需控制在3厘米左右。

全苗种植对甘蔗高产具有重要意义。甘蔗种植过程中需进行查苗及补苗，如补苗采用的是假植苗，一般将其下种量控制在5%左右，与大田下种的同时在蔗沟或者田边进行假植苗下种；若采用预育苗则需要将一半叶片剪除，带土补苗。

二、甘蔗营养特性与施肥技术

（一）甘蔗营养特性

甘蔗生育期较长，一般为10～12个月，其生物量巨大，一生中所需的矿质营养元素较多。甘蔗对各种营养元素的需求量因品种、植期、株龄、土壤类型和气候条件等不同而存在差异。甘蔗属于喜钾作物，在整个生育期内对氮（N）、磷（P_2O_5）、钾

（K_2O）的吸收量为$K_2O>N>P_2O_5$，吸收比例为1：（0.6～0.7）：（1.2～1.6）。一般每产1 000千克原料蔗需要吸收氮1.08～3.2千克、磷0.27～0.7千克、钾1.01～3.34千克。

甘蔗不同生育时期对养分的需求在种类和含量上也存在差异，养分吸收存在阶段性和连续性。甘蔗生长周期可分为萌芽、成苗、分蘖、茎伸长及工艺成熟5个阶段，5个阶段甘蔗对氮、磷、钾的需求和吸收状况各不相同，总体趋势为生长前期和后期需肥较少，生长中期需肥较多。甘蔗萌芽主要依靠种苗自身储藏的养分，无须向外吸肥。直到进入苗根和叶不断增生阶段才迫切需要养分，但需肥较少，主要是对氮的需求量较大，对钾、磷的需要量次之。在分蘖期，甘蔗不断增生分蘖，根系生长加快，需肥量逐渐增大，此阶段对氮、磷、钾的吸收量占总吸收量的10%～20%。茎伸长期是甘蔗营养的最大效益期和吸肥高峰期，进入茎伸长期后，随着新梢头部、叶片和根系的大量生长及茎的迅速伸长，同化作用的产物逐渐加速形成和积累，对氮肥、磷肥、钾肥的吸收量急剧增加，此阶段甘蔗吸收的养分约占全生育期的50%以上；由于此时期正值高温、多雨和强光照季节，甘蔗对光能和养分的利用效率最高，应作为重点施肥期。茎伸长期过后，甘蔗生长逐渐缓慢，甚至停止生长，蔗茎内部积累的蔗糖含量达到高峰，进入工艺成熟期；此阶段甘蔗需肥量减少，但还要吸收一定的养分，以供应植株各部分营养器官的代谢需要，其中以氮的吸收量较大。

甘蔗需肥特性虽表现为阶段性，但甘蔗整个生育期均能吸收养分，具有需肥连续性，需要保证整个生育期对养分的需求，避免生长后期养分供应不足，出现早衰减产现象。另外，甘蔗生长前期对营养元素缺乏最为敏感，氮、磷、钾缺乏临界期一般出现在苗期，此阶段虽对氮、磷、钾的绝对需求量不多，但缺素容易导致苗、蘖生长不佳，对甘蔗生长发育造成损伤，即使后期补施也难以弥补，最终导致产量下降。

在不同的甘蔗生产地区，甘蔗对养分的吸收量也不同。巴西蔗区1吨蔗茎对氮、磷、钾的吸收量分别为0.8千克、0.3千克、1.33千克，而广东湛江蔗区为1.72千克、0.42千克、4.09千克。在湛江蔗区，含有斑茅基因的BC2-32甘蔗对氮、磷、钾的吸收量分别为2.31千克、0.57千克、4.74千克，比粤糖60号、新台糖22号、粤糖55号等基因型的甘蔗对氮、磷、钾的吸收量要高。

（二）甘蔗施肥技术

甘蔗生长周期长，产量高，对养分需求量大，我国南方各类土壤提供的养分难以满足甘蔗生产需求，因此必须通过合理施肥，才能充分发挥甘蔗高产特性，达到高产和高效益的目的。试验表明，甘蔗目标产量75～100吨/公顷，推荐施肥量氮（N）为270～315千克/公顷、磷（P_2O_5）为75～90千克/公顷、钾（K_2O）为225～270千克/公顷。甘蔗施肥基本原则主要为基肥足量，适时追肥，基肥、追肥并重。基肥一般以有机肥与磷钾肥为主，并配施一定量氮肥，以保证全苗和壮苗；追肥则以氮肥为主，以促进分蘖和长茎，并保证中后期养分需求。

（1）基肥。甘蔗基肥施用量应占总施肥量的30%～40%，每亩施用尿素10～15千克、钙镁磷肥（或过磷酸钙）40～50千克、氯化钾20～25千克。尽量做到均衡施肥，注意有机肥与化肥配施，每亩施用农家肥1 000～2 000千克，施用农家肥时化肥用量根据农家肥养分投入量酌情减少。基肥施于植蔗沟底，与土壤充分拌匀，可用腐熟有机肥盖种。

（2）追肥。在蔗苗生长6～7片真叶时，结合大培土，深施、重施追肥，施肥量占总施肥量的60%～70%，每亩施用尿素20～40千克、氯化钾10～25千克，或施用甘蔗专用复合肥40～80千克。

（3）根外追肥。我国蔗区存在不同程度的微量元素缺乏问题，可采用叶面喷施方式及时补充微量元素，如缺硼或缺锌地区，可喷施0.1%～0.3%硼砂或硫酸锌溶液。也可以叶面喷施大量元素，迅速补充养分，如可用0.5%磷酸二氢钾或1%尿素溶液喷施。

三、甘蔗病虫害识别与防治技术

（一）甘蔗病害识别与防治技术

1. 甘蔗黑穗病

（1）发生规律。甘蔗黑穗病病原为甘蔗鞭黑粉菌，带菌土壤和宿根病蔗为初侵染源，厚垣孢子借风雨、灌溉水和昆虫传播后落在蔗芽上并藏在鳞片间，遇水萌发形成菌丝侵入蔗芽。宿根蔗、分蘖茎和干旱、瘦瘠且管理差的蔗田发病较多。高温高湿雨季、蔗田积水、旱后较多雨等有利于本病发生。本病病原传播媒介主要是风。

（2）为害状。该病最明显特征是蔗茎顶端部生长出一条黑色鞭状物。其黑穗短者笔直，长者或卷曲或弯曲，无分枝。发病初期，外包一层银白色薄膜，后破裂散出大量黑粉，最后只剩下心柱。感病蔗种萌发早，蔗株生长纤弱，叶片狭长、淡绿、节间短。分蘖增多，后分蘖上也长出黑穗鞭。

（3）防治方法。①与水稻、玉米、甘薯、花生等轮作，发病区不留宿根。②发现病株及时拔除，集中烧毁。③种苗消毒，用52℃热水浸种18～30分钟，加入25%三唑酮可湿性粉剂500倍液效果更好，也可用43%福尔马林溶液100倍液浸种5分钟，然后用薄膜覆盖闷种2小时或用70%代森锰锌可湿性粉剂500倍液浸5～7分钟，也可用3%石灰水浸种24小时。

2. 甘蔗赤腐病

（1）发生规律。甘蔗赤腐病病原为镰孢炭疽菌，病菌以菌丝、分生孢子和厚垣孢子在蔗种和蔗株病部越冬，这是该病的主要初侵染源。病叶上的分生孢子和厚垣孢子是当年重复侵染的重要菌源，孢子借风、雨、雾、露、昆虫及流水传播，病菌主要由伤口侵入。

（2）为害状。甘蔗生长初期为害最严重，导致蔗苗的芽和幼株生长不良或腐烂死亡，生长后期主要为害叶片的中脉，叶片中脉被害，初生红色小点，后扩散成纺锤形或长条形病斑，病斑很长，最长可超过叶脉长度的一半，后期红色病斑中央枯死，呈枯白色，边缘为暗红色，环境适宜时，斑上生黑色小点，叶片发病后常自病斑中央折断。叶鞘染病，初呈赤色小点，后扩大合并成不规则形斑块，中央似稻秆呈黄色，边缘呈褐色，病部生小黑点。茎部感病，初期外表症状不明显，茎纵剖开可见燕肉红色，中间夹杂白色斑块。后期发病严重时，蔗茎外表失去光泽，并看到暗赤色的病根，接着蔗皮皱缩，表皮生黑色小点，病茎上部叶片失水凋萎。

（3）防治方法。①选用抗病品种，采无病、无螟害蔗作种。②种子消毒，可用1%硫酸铜溶液浸种2小时或用石灰浆、波尔多液涂封蔗种两端的切口。③甘蔗收获后，及时将病株、蔗叶烧毁，及时消灭蚜虫。

3. 甘蔗凤梨病

（1）发生规律。甘蔗凤梨病病原为奇异长喙壳菌，病菌以菌丝体或厚垣孢子潜伏在带病的组织里或落在土壤中越冬，条件适宜时，便从寄主种苗的伤口处侵入，引致初侵染。菌丝在甘蔗髓部的薄壁组织里生长，后在切口处产生分生孢子和厚垣孢子。分生孢子易萌发，借空气、土壤及灌溉水、蔗刀、蝇类昆虫等传播，当年即可再侵染。种苗在窖藏时通过接触传染。

（2）为害状。感病初期茎种切口变红色，并散发凤梨香味，逐渐转为黑色，并产生黑色粉状和刺毛状物。病菌从切口向茎中心蔓延，破坏茎的薄壁组织，其内部变空，剩下黑色的纤维和大量煤粉状的分生孢子和厚垣孢子。蔗株染病，初期病茎外观和健蔗无异，内部的病状和茎种的相同，病情发展到一定程度叶片枯萎，外皮皱缩变黑，植株死亡。

（3）防治方法。①选择抗病品种，实行水旱轮作。②注意蔗田清洁，发现患病蔗种及时挖除并集中烧毁。③选用无病的梢

头苗，茎粗中等，萌发迅速感病轻。④用50%多菌灵可湿性粉剂1 000倍液浸种10分钟，也可在切口两端蘸上石灰浆后再种植。种苗剥荚后用2%石灰水浸种12～24小时或用清水浸种1～2天。

（二）甘蔗虫害识别与防治技术

1. 蔗龟

（1）发生规律。为害甘蔗的蔗龟主要以突背蔗龟、光背蔗龟为主（统称黑色蔗龟），它们的幼虫称蛴螬，土名鸡母虫。蔗龟以幼虫在蔗根土中越冬，成虫有弱趋光性和假死性，主要在土中活动咬食蔗株地下部，如遇食料不足或土中过湿通气不良，也常出地面爬行食蔗叶。卵散产于蔗头附近的土中，孵化幼虫初食腐烂蔗头，2龄以后咬食蔗根，3龄以后取食蔗基部及地下蔗芽，老熟即在土内营造蛹室化蛹。

（2）为害状。幼虫咬食蔗根及蔗茎地下部。苗期造成枯心苗，缺株断垄，有效茎减少，而后为害地下茎，导致蔗株遇台风易倒伏，遇干旱蔗叶呈黄色，叶端干枯。成虫则取食蔗叶。

（3）防治方法。①在成虫盛发期用黑光灯进行诱杀。②与玉米、水稻、红薯等作物轮作。蔗龟幼虫一般分布在蔗头附近10～20厘米深处，不留宿根蔗地宜及早深耕，可致部分幼虫死亡。③用40%乐果乳油800倍液，浸种2～3分钟再播种；下种时每公顷用3%米乐尔颗粒剂60千克，撒施于种苗上再覆土；在受害蔗株旁挖穴将药灌施，可用马拉硫磷或辛硫磷。

2. 甘蔗二点螟

（1）发生规律。该虫一年发生多代，可终年为害，成虫对黑蓝光灯的趋性较强，喜干燥，一般把卵产在蔗叶背或叶鞘上。初孵幼虫分散爬行或吐丝下垂随风飘散，潜入邻近蔗株叶鞘内为害，1龄幼虫群集在叶鞘内侧，2龄以后逐渐分散蛀入蔗苗，破坏生长点，蛀入蔗茎。

（2）为害状。苗期幼虫为害甘蔗生长点，致心叶枯死；萌发期、分蘖期造成缺株，减少有效茎数；生长中后期，幼虫蛀害蔗茎，造成虫孔节，破坏茎内组织，影响蔗株生长且含糖量下降，节间收缩畸形，遇大风常在虫口折断。此外，伤口处还易诱发甘蔗赤腐病。

（3）防治方法。①消灭越冬蔗螟，减少虫源，收获后及时清理蔗园，收获时尽量斩至近地面部位。②选用抗虫高产品种，实行轮作，如甘蔗与水稻、番薯或蔬菜轮作，适时剥除枯梢，及时处理枯心苗，找到虫口杀死幼虫。③可在播种时，每公顷撒施3%米乐尔颗粒剂60～75千克于蔗种处；或在中培土、大培土时施于蔗根。在卵孵化盛期喷药，可选用50%杀螟松乳油500倍液、90%晶体敌百虫500倍液等。

3. 甘蔗棉蚜

（1）发生规律。甘蔗棉蚜的成虫分为有翅型和无翅型两种类型，一年可以发生20个重叠世代。有翅蚜会迁飞，是蔗田棉蚜扩散为害的主要途径；无翅蚜靠爬行扩散为害，繁殖速度在夏、秋季节，从出生到产生下一代若虫，只需12～15天。

（2）为害状。主要以成蚜、若蚜群集在蔗叶背面中脉两侧吸食汁液为害，致叶片变黄、生长停滞、蔗株矮小，且含糖量下降，制糖时难以结晶。此外，棉蚜分泌蜜露易引致煤烟病。

（3）防治方法。①在秋植蔗上过冬的棉蚜是翌年大发生的虫源，要在4月下旬，趁其尚未迁飞扩散时，对秋植蔗、冬植蔗和发株早的宿根蔗进行1次药杀，以消灭虫源。②发生初期可选用50%辟蚜雾水分散粒剂1 000倍液、50%抗蚜威可湿性粉剂2 000倍液或40%氧化乐果乳油1 500倍液等药剂喷雾。

第十六章　橡胶树关键栽培技术

橡胶树是大戟科橡胶树属多年生木本植物，高可达30米，有丰富乳汁，其产品（天然橡胶）是四大工业原料之一，在交通、军工业中尤为重要。橡胶树具有指状复叶，小叶3片，小叶椭圆形，长10～25厘米，宽4～10厘米，顶端短尖至渐尖，基部楔形，全缘，两面无毛。蒴果椭圆状，直径5～6厘米，有3条纵沟。橡胶树栽植6～8年即可割取胶乳，经济寿命一般为30年左右，有的可达40年。橡胶树喜高温，温度是我国橡胶树分布和产量的限制因子。年均温25～27℃最适合橡胶树生长，但对于我国植胶区来说，年均温大于22℃较为适宜。当气温为19～27℃时，最适宜排胶。橡胶树不耐寒，在温度5℃以下即受冻害。在西南植胶区，由于辐射降温，易出现山区逆温现象，橡胶树容易受到寒害。橡胶树喜光，在全光照下生长良好，要求雨量多且分布均匀，以年降水量1 500～2 500毫米、月降水量大于150毫米、空气相对湿度大于80%、土壤相对含水量80%～90%最适于橡胶树生长和产胶。橡胶树喜微风，怕强风，茎干脆，易折断，喜深厚、肥沃、排水良好的土壤，适宜生长的pH为5～6。

橡胶树是典型的热带雨林树种，原产于巴西亚马孙河流域，生长在南纬0°～5°的热带雨林中。我国早自1904年引种橡胶树到云南种植，中华人民共和国成立以后，我国天然橡胶产业得到快速发展，1952年在华南地区大规模进行勘测种植，1956年起云南也逐渐开始发展橡胶产业。目前，我国植胶区主要分布于海南、云南、广东等。2019年，我国天然橡胶产量已跃居全球第四，但在全球占比仅6%，远低于泰国的37%、印度尼西亚的23%、越南的9%；我国天然橡胶消费量位列全球第一，在全球天然橡胶消费量中占比高达40%。2020年，全球天然橡胶种植面积为23 053.5亩，产量为1 300.8万吨；我国天然橡胶种植面积约为1 710万亩，其中海南788.8万亩、云南848.43万亩、广东71.4万亩；产量为82.63万吨，其中海南33.66万吨、云南47.21万吨、广东1.76万吨。

一、橡胶树种苗与栽植技术

橡胶树品种应采用现农业农村部当年主推品种或符合标准的品种，结合种植区环境类型特点选择品种，并可进行多品种配植。可根据栽培需求选择定植材料，包括芽接桩、容器苗和高截干等。橡胶苗适宜在春季气温回暖后定植，在干旱地区采用各种抗旱定植技术开展春季定植，芽接桩和较小的容器苗栽植时间最迟不应晚于6月底，大袋苗应在9月底前定植。

橡胶苗定植穴（面宽×深×底宽）为70厘米×60厘米×50厘米（人工开挖），机械开挖可以面宽、底宽和深均为70～100厘米。定植前先用疏松表土回填部分植穴，再将基肥和磷肥与表土混匀，回填于植穴内10～40厘米深处，继续回土并于植穴中间堆起小土堆。袋苗、裸根苗等定植时在先前准备好的植穴中开小洞穴，放入苗木调整种植深度和接芽朝向，然后分层回土压实；筒苗定植时在先前准备好的植穴中捣出小植洞，取出筒苗放入洞中，并将植穴面整为锅底形；苗木定植后浇定根水，定植后苗木的接芽或结合处离地面高约2厘米，接芽朝向主风向或环山行内侧。另外，定植后要及时除去砧木芽、多余接芽和未来割面上的侧芽，并及时进行补苗，使定植当年保苗率达100%。

二、橡胶树营养特性与施肥技术

（一）橡胶树营养特性

橡胶树是多年生高大乔木，投产后橡胶树既要产胶，又要满足自身生长，对养分的需求量大。橡胶树投产以前，每年会抽生4～7蓬叶，成龄橡胶树一般每年抽生3蓬叶。开割胶树每年4—7月抽发的第一蓬叶和第二蓬叶，约占全年叶量的80%，7—9月虽然继续抽叶，但抽叶量少，叶片生长趋于稳定，10月以后叶片开始进入衰老期。随着生长的变化，叶片中的养分含量也随之变化或相对稳定。7月前随着抽叶量的增加和叶面积增大，从储藏器官转移至新芽中的氮、磷、钾，由于大量消耗和稀释其含量急剧下降；10月以后吸收减弱，养分大量用于产胶和转入储藏器官，使叶片氮、磷、钾含量再度下降，落叶前达到最低点。镁含量随叶片生长和成熟而逐渐增加，8—9月达到最高峰。叶片钙含量在一年中随着叶龄增加而不断升高。

据统计，成龄橡胶树对养分的年消耗量为氮（N）206.95千克/公顷、磷（P_2O_5）20.55千克/公顷、钾（K_2O）91.95千克/公顷。其中，橡胶树茎干、根系生长积累的养分占30%～37%，叶片消耗的养分占39%～58%，开花结果消耗的养分占4.4%～13.1%。橡胶树产胶带走的养分为氮11.25千克/公顷，占养分消耗量的5.5%；磷3.6千克/公顷，占养分消耗量的17.5%；钾15.75千克/公顷，占养分消耗量的17.1%。年产6千克干胶的橡胶树产胶需要消耗氮52.8克/年、磷11.3克/年、钾43.7克/年，生长积累需要消耗氮180克/年、磷7.2克/年、钾82.8克/年，丰产提高叶片养分水平需要消耗氮32克/年、磷3.2克/年、钾64克/年，开花结果需要消耗氮24克/年、磷3.2克/年、钾9.2克/年，合计每株橡胶树养分需求量为氮288.8克/年、磷24.9克/年、钾199.7克/年。胶园凋落物、降水及微生物固氮等会将部分养分归还到土壤中。据统计,橡胶树落叶可归还氮49.5千克/公顷、磷1.65千克/公顷、钾15.9千克/公顷,雨水可带入氮21千克/公顷、磷1.2千克/公顷、钾15千克/公顷,微生物固氮约40.95千克/公顷。

目前,橡胶树生产过程中普遍采用乙烯利刺激割胶,相同产量下乙烯利刺激割胶的养分排出量要多于常规割胶的。以生产干胶100千克为例,刺激割胶需要消耗氮(N)9.54千克、磷(P_2O_5)2.88千克、钾(K_2O)8.94千克、镁(MgO)1.62千克,常规割胶养分消耗量为氮6.75千克、磷1.61千克、钾5.89千克、镁1.18千克,刺激割胶的养分排出量与常规割胶的相比:氮增加41%、磷增加79%、钾增加52%、镁增加37%。

(二)橡胶树施肥技术

1. 幼龄橡胶树施肥

常规胶园可在定植后第二年起实施胶园压青。一般每年7—10月压青1次,有条件的分别在7月前和11月各压青1次。压青量为每个肥穴或每米通沟25～50千克压青料。压青料填入肥穴或通沟中,压实,再在压青料上覆盖泥土。

1～2龄幼树每年每株施用有机肥不少于10千克,尿素0.23～0.55千克,钙镁磷肥0.3～0.5千克,氯化钾0.1～0.2千克,硫酸镁0.08～0.16千克。3龄至开割前幼树每年每株施用有机肥不少于15千克,尿素0.46～0.68千克,钙镁磷肥0.2～0.3千克,氯化钾0.1～0.2千克,硫酸镁0.1～0.15千克。有机肥一般施于肥穴或通沟里,每年化肥一般分3次施入,第一次在当年第一蓬叶抽生初期,第二次在第二蓬叶抽生期间,第三次在第三蓬叶抽生期或9月。磷肥应与有机肥混合穴施,其他化肥则在肥穴中挖沟施入,并覆土,不应直接将化肥撒施在覆盖物或压青料上。

2. 开割树施肥

开割树每年每株施用有机肥不少于25千克,尿素0.68～0.91千

克，钙镁磷肥0.4～0.5千克，氯化钾0.2～0.4千克，硫酸镁0.15～0.2千克。施肥时间和施肥方法参照未开割树。

3. 专用肥及新型肥料研发与应用

我国橡胶树施肥研究与应用工作开始于20世纪50年代，经历了从单纯施用氮肥，到氮肥、磷肥、钾肥混施及氮肥、磷肥、钾肥与有机肥配施，再到镁肥和微量元素肥料的施用，最后发展到施用根据营养诊断结果配制的专用肥。在20世纪90年代，海南农垦胶园已普遍施用根据不同土壤类型区配制的橡胶专用肥，并取得了较好的效果。但是随着时间的推移，胶园土壤肥力逐渐下降，新割胶制度下橡胶树养分需求改变，以热研7-33-97、热研8-79、云研77-2和云研77-4等为主的新品种开始大面积种植，而这些新品系与老品系在营养特性与养分需求上不同，使得沿用的专用肥配方已出现较大的偏差。

中国热带农业科学院橡胶研究所根据2008—2012年在各植胶区采集的4 000余个样品（包括土壤样品及橡胶树叶片样品）的分析结果，以及在充分研究近年来橡胶树新品系的营养特点、产胶能力、胶园土壤肥力现状和植胶区气候特点的基础上，制订出了广东和海南垦区适用的系列橡胶专用肥料配方10个，其中6个配方适用于海南垦区的玄武岩区、花岗岩区、变质岩区、片麻岩和石灰岩区、海相沉积物与冲击物区，4个配方适用于广东垦区的玄武岩区、花岗岩区、片麻岩和石灰岩区、浅海沉物区。此外，分别针对开割树和中小苗制订了不同的配方系列。在不同橡胶树品系及物候期上，采取大配方小调整的原则。2013—2015年在海南和广东植胶区开展了该系列专用肥料的效果验证和示范应用试验，其中在儋州、琼中、保亭、乐东和澄迈共5个市、县进行了应用示范，开割树增产干胶6%～12.5%，幼树生长速度加快6.8%～31.9%。

针对热带地区肥料养分淋溶损失大、肥料利用率低、施肥成本增加，且易造成环境污染等问题，中国热带农业科学院橡胶研究所研究团队从生产成本和大田推广需求考虑，结合土壤养分状况与橡胶树营养需求规律，研制出了橡胶树缓释配方肥和橡胶树专用肥料棒两种新型肥料。这两种新型肥料兼具缓/控释肥与配方肥的优点，可根据土壤和橡胶树对养分的需求，高效地将缓/控释肥料与速效肥料融合，延长养分供应时间，并且可以科学添加橡胶树所必需的中、微量元素，提高肥料的利用率，减少施肥次数，能更好地为测土配方施肥提供技术和产品支撑，物化测土配方施肥理论和技术，有利于实现区域配方肥施肥，相对于普通橡胶树专用肥料优势明显。其中，橡胶树缓释配方肥近年来已在海南国有胶园和白沙打安镇等民营胶园进行大面积应用，可增产3%～5%，并减少施肥用工1/3，减少氮肥用量10%～25%。橡胶树专用肥料棒在研制出肥料棒制造设备基础上，完成了肥料原料选配、肥料试制、肥料性能评价和批量化生产的工作，肥料棒在海南、云南、广东植胶区进行了多点施肥效果验证试验，表现出增产、促生和长效的功能，对干胶含量提升效果显著（年均比对照高1%～2%）。

三、橡胶树病虫害识别与防治技术

（一）橡胶树病害识别与防治技术

1. 橡胶白粉病

（1）发生规律。橡胶白粉病病菌为专性寄生菌，只侵染幼嫩组织，组织老化后不能侵入，病害发生和流行受橡胶树物候期、气象和病原数量3个因素的综合影响。橡胶白粉病全年均可发生，但流行于橡胶树大量抽嫩叶的春季，低温阴雨有利于该病害流行。

（2）为害状。橡胶白粉病病菌只为害嫩叶、嫩芽、嫩梢和花序，不侵染老叶。嫩叶感病初期，在叶面或叶背上出现辐射状的银白色菌丝，似蜘蛛丝，以后在病斑上出现一层白粉，形成大小不一的白粉病斑，这是本病最显著的特征。嫩叶感病初期若遇高温时，病斑上的菌丝生长受到抑制而病斑变为红褐色。当气温适宜时，病斑还可以恢复产生分生孢子，使病斑继续扩大。发病严重时，病叶

布满白粉，甚至皱缩畸形、变黄，最后脱落；不脱落的病叶随着叶片老化和气温升高，病斑上的白粉逐渐消失，留下白色癣状斑或黄褐色坏死斑。花序感病后，出现一层白粉，病害严重时花蕾全部脱落，只留下光秃秃的花轴。

（3）防治方法。①加强栽培管理，增施肥料，促进橡胶树生长，提高抗病和避病能力，可减轻病害发生和流行。②落叶不彻底的年份，在12月中下旬，用10%脱叶亚磷油剂或0.3%乙烯利油剂喷雾，每公顷用量为12～15千克，可在半个月内将橡胶树的越冬老叶脱落，使橡胶树抽叶整齐，减少菌源，促进抽叶，减轻发病。③常用药剂：90%硫黄粉、15%粉锈宁油烟剂、12.5%腈菌唑乳油、20%三唑酮等。

2. 橡胶炭疽病

（1）发生规律。橡胶炭疽病病原属炭疽菌属真菌，病害发生流行与品系的感病性、抽嫩叶期的气候条件有关，品系的感病性是本病发生的基础，雨水或湿度是病害流行的主要条件，风雨是病害传播的主要途径。

（2）为害状。嫩叶感病后，呈现不规则形暗绿色病斑，像开水烫过一样的水渍状，即所谓急性型病斑，病斑大而凹陷。淡绿色嫩叶感病后呈现出近圆形或不规则形的暗绿色或褐色病斑，病斑边缘凹凸不平，叶片皱缩畸形；随着叶片老化，病斑边缘变褐，中央呈灰褐色，并会穿孔。接近老化的叶片感病后，病斑凸起成小圆锥体。嫩梢、叶柄、叶脉感病后，出现黑色下陷小点或黑色条斑。芽接苗感病后，嫩茎一旦被病斑环绕，顶芽便会发生回枯。绿果感病后，病斑暗绿色，水渍状腐烂。

（3）防治方法。①对历年重病林段和易感病品系，可在橡胶树越冬落叶后到抽芽初期，施用速效肥，促进橡胶树抽叶迅速而整齐。②在病害流行末期，对病树施用速效肥，促进病树迅速恢复生长。③发病初期可用28%复方多菌灵胶悬剂、10%百菌清油剂或用80%代森锰锌可湿性粉剂喷雾。

3. 橡胶割面条溃疡病

（1）为害状。该病是由疫霉属的多种真菌引起，其中以柑橘褐腐疫霉为主要致病菌。病害初发生时，在新割面上出现一至数十条竖立的黑线，呈栅栏状，病痕深达皮层内部直至木质部。黑线可汇成条状病斑，病部表层坏死，针刺无胶乳流出，低温阴雨天气，新老割面上出现水渍状斑块，伴有流胶或渗出铁锈色的液体。雨天或高湿条件下，病部长出白色霉层，老割面或原生皮上出现皮层隆起、爆裂、溢胶，刮去粗皮，可见黑褐色病斑，边缘水渍状，皮层与木质部之间夹有凝胶块，除去凝胶后木质部呈黑褐色。

（2）防治方法。①加强林段抚育管理。②贯彻冬季安全割胶措施。③提高胶工割胶技术，保护好高产树。④发病初期可用瑞毒霉、敌菌丹和敌克松。割胶季节割面出现条溃疡黑纹病痕时，及时涂施有效成分1%的瑞毒霉2次，能控制病纹扩展。

（二）橡胶树虫害识别与防治技术

1. 橡胶小蠹虫

（1）为害状。橡胶小蠹虫是在橡胶树遭受风、雷、寒、病等灾害造成树皮溃烂、干枯后进行为害的。受害部位显现针锥状蛀孔和黄褐色木质粉末，为害严重时，茎干遍布蛀孔和粉柱、粉末，以致橡胶树枯死。发病初期，蛀孔和粉柱多见于橡胶树割面及其上下约50厘米的范围内，而后蛀孔和粉柱逐渐扩展到整个茎干表面，橡胶树枯死，但叶子不脱落。

（2）防治方法。①锯除伤残枝干，用沥青、柴油混合剂涂封伤口。②对由病害造成茎干皮层腐败的组织，刮除后用80%敌敌畏乳油和40%氧化乐果乳油800倍液喷施创面1～2次。③结合胶园日常管理，每10～15天对割面及其上下35～50厘米检查1次，发现虫害时刮除虫害部位的腐败树皮，使木质部露出，再喷施杀虫剂2～3次（每隔5～7天喷施1次），然后用防腐涂封剂涂封伤口，可防止橡胶小蠹虫继续侵入和将新侵入的害虫杀死。

2. 六点始叶螨

（1）发生规律。六点始叶螨又称橡胶黄蜘蛛，属螨目，叶螨科。4月下旬至5月下旬为六点始叶螨发生高峰期，6月下旬起虫口密度逐渐降低，一直到年终，其虫口密度保持在较低的水平上。5月初受害叶片开始变黄脱落，6月中下旬为落叶盛期。螨害的发生与地形、橡胶树的长势、品系、气候情况都有一定的关系，特别在干旱季节六点始叶螨的为害最严重。

（2）为害状。主要为害橡胶的老叶，通过幼螨、若螨、成螨的口器刺破叶肉组织，使之成为细小的黄白色斑点，影响光合作用，甚至全叶发黄脱落，枝条枯死，从而影响橡胶树的产量。

（3）防治方法。①注意林区卫生，少量发生时可使用高压喷水，冲刷树体，减少虫源。②天敌有纽氏植绥螨、丽草蛉、食螨瓢虫、隐翅甲、塔六点蓟马等，其中以植绥螨数量最多。③发生期可喷施20%三氯杀螨醇乳油1 000～1 500倍液或15%哒嗪酮乳油3 000～4 000倍液。

3. 介壳虫

（1）为害状。介壳虫在全国广泛分布，其通过针刺吸食橡胶幼嫩枝叶的营养物质为害，影响橡胶树的生长，造成枯枝、落叶，严重时整株枯死。介壳虫分泌大量蜜露，诱发煤烟病，严重影响橡胶树的呼吸作用和光合作用。

（2）防治方法。①加强植物检疫，如发现害虫，应采取各种有效措施加以消灭，防止进一步传播扩散。②根据介壳虫的各种发生情况，在若虫盛期喷药，可用40%氧化乐果乳油1 000倍液、50%马拉硫磷乳油1 500倍液、20%亚胺硫磷乳油1 000倍液或2.5%溴氰菊酯乳油3 000倍液，每隔7～10天喷1次，连续喷2～3次。③保护和利用天敌，寄生盾蚧的金黄蚜小蜂、软蚧蚜小蜂、红点唇瓢虫等都是有效天敌，可以用来控制介壳虫的为害。

第十七章　木薯关键栽培技术

　　木薯是大戟科木薯属直立灌木，高1.5～3米，块根圆柱状，肉质，富含淀粉，供食用或做糊料，可提供木薯淀粉、浆洗用淀粉和酒精饮料原料，是三大薯类作物之一，也是热区第三大粮食作物和全球第六大粮食作物，被称为"淀粉之王"，是世界近6亿人的口粮。木薯适应性强，耐旱耐瘠，在年平均温度18℃，无霜期8个月以上，降水量600～6 000毫米，海拔2 000米以下，土壤pH 3.8～8的地方均能生长；最适合在年平均温度27℃，日平均温差6～7℃，年降水量1 000～2 000毫米且分布均匀，pH 6～7.5，阳光充足，土层深厚，排水良好的土地生长。

　　木薯原产于巴西，广泛栽培于热带和部分亚热带地区，主要分布在巴西、墨西哥、尼日利亚、玻利维亚、泰国、哥伦比亚、印度尼西亚等100余个国家和地区。中国于19世纪20年代引种栽培，现已广泛分布于华南地区，广东和广西的栽培面积最大，福建和台湾次之，云南、贵州、四川、湖南、江西等地亦有少量栽培。2020年，我国木薯种植面积约为302 136公顷，同比增长0.8%；木薯产量约为504.14万吨，同比增长1.1%。目前，我国木薯主要加工产品包括木薯干和木薯淀粉，其中木薯淀粉是木薯经过淀粉提取后脱水干燥而成的粉末，分为原淀粉和各种变性淀粉两大类。近年来，木薯工厂化加工加快了木薯产业发展。2020年，我国木薯淀粉产量为26万吨，同比增长52.94%，木薯淀粉表观需求量为301.62万吨。但是，我国木薯产量难以满足国内市场需求，我国木薯淀粉进口量大，2020年木薯淀粉进口数量为275.69万吨，同比增长16%。

一、木薯种苗与栽植技术

我国木薯主栽品种有中国热带农业科学院选育的华南205、华南201、华南124、华南5、华南6、华南7、华南8、华南9、华南10系列，广西壮族自治区亚热带作物研究所培育的GR891、GR911、桂热3号、桂热引1号，广西大学培育的新选048，中国科学院华南植物园选育的南植188、南植199等。木薯栽培过程中可根据种植区田间环境、栽培目的等选择所需要的品种进行种植。一般木薯种植前需对土地进行深耕30厘米左右。选择充分成熟，粗壮密节，髓部充实且富含水分，芽点完整，皮芽无损伤，无病虫害的主茎作为种茎。种茎要求新鲜，色泽鲜明，斩断切口有乳汁。

木薯种植期可分为春植和秋植，海南和广东湛江地区春植和秋植均可，其余地区只能春植。种茎定植时将种茎砍断，插条长度以15～20厘米为宜，可平放、斜插或直插入土壤，盖浅土。种植密度根据土壤肥力、品种特性而定，一般每公顷定植12 000～15 000株，最密不宜超过24 000株，株行距多为1米×0.8米和0.8米×0.8米，出苗后每穴保留1～2株苗为宜。另外，为了保证田间全苗，需及时补苗，通常在植后20天进行，可直接用种茎或移植预先培育的小苗。

二、木薯营养特性与施肥技术

（一）木薯营养特性

木薯是多年生植物，但生产上多为一年生栽培。木薯主要利用其块根作为食物、饲料及工业原料。木薯块根中水分占60%～70%，淀粉、纤维、氮的占比次之，其他营养元素的含量均较少。木薯的生长发育过程一般可分为4个时期，即幼苗期（植后60天）、块根形成期（植后60～100天）、块根膨大期（植后70～300天）、块根成熟期（植后9～10个月）。幼苗期植株生长缓慢，生长初期所需养分主要依靠种茎储藏的养分供应，对养分的需求相对较少，块根形成期干物质累积速度加快，块根膨大期的养分需求量最大，之后干物质累积速度有所下降，并稳定在一定的水平上，在收获期大部分干物质累积在块根中。木薯在苗期对氮、磷、钾的吸收量分别占全生育期对氮、磷、钾吸收量的18%～20%、7%～8%和5%～6%，但苗期养分含量对产量形成至关重要。木薯在块根膨大期对氮素比较敏感，过量施氮会导致植株徒长，不利于块根发育膨大和淀粉的积累；施氮不足则会导致植株早衰，影响产量。木薯块根的含钾量很高，其次是含氮量，而磷、钙、镁和硫的含量相对较低，氮、磷、钾、钙、镁的养分需求比例为5：1：6：2：1。

木薯不同生育阶段对各养分的吸收积累不同。木薯生长前期需要的氮、磷养分较多，而钾需求较少；生长中后期需钾较多，而需要的氮、磷养分较少。氮对木薯产量影响最大，适量供应氮，可显著提高木薯产量。当氮供应不足时，木薯植株生长缓慢，从下部叶片开始均匀褪绿变黄，然后扩展到全株。氮在植后2个月内累积缓慢，植后3～4个月达到最高峰，植后5～6个月降低至较低值。磷和钾在植后2个月吸收缓慢，之后保持稳定的累积速度。钙在全生育期吸收累积基本保持稳定。氮吸收主要发生在生育早期并积累在叶片。钾开始累积在茎叶中，种植4个月后，钾开始向根部转移，块根逐渐成为钾的储藏库。9个月龄木薯植株中叶片养分含量呈现为氮＞钾＞钙＞磷＞镁，茎中为氮＞钾＞钙＞镁＞磷，块根中为钾＞氮＞钙＞磷≥镁。木薯全生育期从土壤带走氮、磷、钾、钙、镁的比例为1：0.1：0.65：0.41：0.19。

木薯生长阶段的水肥吸收能力很强，产量很高，可以从土壤中吸收大量养分，但收获产品所带走的氮、磷的量低于大多数作物，而带走的钾量高于大多数作物，与烟草、甘蔗、甘薯带走的钾量

相似。木薯收获期，约60%的干物质累积在块根中，但大部分氮、磷、钙、镁、硫和微量元素主要集中在叶片和茎中，木薯叶片和茎干中的氮含量约占全株总氮量的65%。据研究，平均鲜薯单产为28.9吨/公顷时，每公顷块根从土壤中带走的氮、磷、钾的量分别为67.1千克/公顷、11.2千克/公顷、88.1千克/公顷，而全株从土壤中带走的氮、磷、钾的量分别为179.5千克/公顷、22.7千克/公顷、156.1千克/公顷。鲜薯单产的45.4%来自于肥料贡献，其中氮肥对产量的贡献最大，其次为钾肥、磷肥；氮肥、磷肥、钾肥的偏生产力分别为203.5千克/千克、639.2千克/千克和209.1千克/千克，磷肥的肥料效率最高，其次为钾肥和氮肥。可见，施肥是木薯高产稳产的关键措施，地块连续种植木薯且不施肥，将严重降低土壤肥力。

（二）木薯施肥技术

施肥对木薯生长发育和产量形成至关重要，科学把握木薯肥料用量、施肥时间与方法，合理补充微量元素，有利于木薯高产优质栽培技术的发展。有学者推荐广西区木薯氮（N）、磷（P_2O_5）、钾（K_2O）施用总量在750～900千克/公顷为宜，氮、磷、钾施用量范围分别为270～350千克/公顷、170～240千克/公顷、300～350千克/公顷。广东区木薯推荐氮、磷、钾施用量范围分别为250～300千克/公顷、100～300千克/公顷、200～400千克/公顷。海南区木薯推荐氮、磷、钾施用总量在600～780千克/公顷为宜，氮、磷、钾施用量范围分别为127～166千克/公顷、42～117千克/公顷、113～174千克/公顷。各地应根据实际土壤情况、品种及生产技术要求等因素，因地制宜决定具体施肥方案，注意增施磷钾肥，调整施肥时期和配比，增加基肥中磷和钾的投入量。

研究表明分次施肥可以提高鲜薯单产，但与一次性施肥（植后30天）的单产相比增产不明显，而且多次施肥不但实施难、成本高，且增产意义不大。木薯栽培过程中早施肥和重施苗肥最为重要。中国热带农业科学院热带作物品种资源研究所建议新垦荒的肥沃土壤在前2年连作木薯时，可不施肥。肥力水平低或连作2年木薯后，一般施肥配方可按$N：P_2O_5：K_2O=2：1：2$的最佳平衡施肥配比；连作5年后，以$N：P_2O_5：K_2O＝（3\sim4）：1：（3\sim4）$的最佳平衡施肥配比。推荐施肥量一般为每公顷木薯施有机肥15吨、尿素100～225千克、过磷酸钙100～300千克、氯化钾100～250千克，或施复合肥（15-15-15）100～300千克、尿素50～110千克、氯化钾50～125千克，基本上能保证连年稳产，每公顷鲜薯产量40～45吨。

由于木薯根系绝大部分分布在土壤表层，在木薯施肥过程中，对于有机肥料、土壤改良剂及难溶肥料，可以在犁耙地时同步施肥。在施用速效肥料时，多在植株比较靠近的位置进行穴施或沟施，施肥宜浅施，深度超过20厘米则肥效较差。另外，木薯制订施肥方案时，也应考虑土壤肥力、施肥时间、品种、气候条件及木薯的营养需求等因素，适当调整氮、磷、钾配比。

三、木薯病虫害识别与防治技术

（一）木薯病害识别与防治技术

1. 木薯细菌性枯萎病

（1）发生规律。病菌在老熟茎干的韧皮部里存活，主要靠带菌的种茎进行远距离传播，此外雨水、昆虫、病土及带菌工具也可传播。天气潮湿或下雨时，在叶片、叶柄和嫩茎上溢出的细菌，被雨水、昆虫、农具和土壤传播到近距离的健康植株上。夏秋季节，高温多雨，特别是台风暴雨后该病容易流行。

（2）为害状。症状初期，在完全展开的成熟叶片上出现水渍状、暗绿色、多角形小病斑，后扩大汇合成褐色病斑，由下而上逐渐扩散。受害叶片凋萎、干枯、最终脱落。受害叶柄和嫩茎的病部凹陷，呈褐色，其周围着生的叶片凋萎，严重时生长点死亡，出现

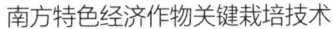

顶梢枯干。在叶片、叶柄和嫩梢的病斑上渗出橙黄色的胶滴。染病的茎干和根系维管束干腐、坏死，甚至烂薯。

（3）防治方法。①严格检疫，建立无毒种苗繁育中心，供应生产用种。②消灭菌源，种植前，用饱和石灰水浸种，对发病地块，要及时拔除和烧毁病株，进行土壤和农具消毒。③减少发病条件，实行轮作，大片木薯地之间保留隔离带，控制病区的流水和土壤传入无病地块，搞好排水沟，避免积水和土壤过湿，增施钾肥抗病。④发病时可喷施72%农用硫酸链霉素可溶性粉剂4 000倍液、12%绿乳铜乳油600倍液、47%加瑞农可湿性粉剂700倍液或77%可杀得可湿性粉剂600倍液。

2. 木薯尾孢菌叶斑病

（1）发生规律。木薯尾孢菌叶斑病病原为绒层尾孢霉，属尾孢属真菌，可在病株或落地病组织上，以菌丝渡过不良环境，气候条件适宜时，长出分生孢子。分生孢子借风雨传播，重复侵害嫩叶。本病在高温高湿季节容易发生。

（2）为害状。发病初期，在叶面出现浅灰色圆斑，以后病斑扩大变成灰褐色，病斑边缘及中央色泽较深并有同心轮纹。潮湿时病斑中央长出霉状物，有时病斑扩展、汇合成不规则形的大斑块，后期病斑中央破裂、穿孔。

（3）防治方法。①种植优质种薯和抗病品种。②避免连作，不宜与茄科作物和根茎类作物轮作。③雨后及时排除田间积水；科学施肥，增强植株抗病能力；发病地收获后进行深耕，并清除田间病残体。④发病时可用疫捷、靓杰、雷力灭菌王、霜疫杀手铜搭配轮换进行防治。

3. 木薯炭疽病

（1）发生规律。木薯炭疽病病原为胶孢炭疽菌，其分生孢子盘盘状或垫状，位于表皮下，成熟后凸出表皮；分生孢子梗单枝，长短不一，分生孢子呈卵圆形至椭圆形，略弯曲，单胞，萌发时多产生一层隔膜。病菌可在老熟茎干上残存，多在田间病树或枯枝上越冬，当气候条件适合时，在病组织上产生大量分生孢子，借风雨传播。湿度大时易发病，连续长时间下雨易流行。

（2）为害状。炭疽病发病初期先在幼嫩裂片边缘出现叶斑，造成嫩叶扭歪、受害组织部分或全部坏死。当病菌侵害绿色茎干时，枝干染病形成灰白色大型病斑，病斑上形成的红色小点，茎干枯烂，在病部中央出现浅粉红色物堆。病株的叶片和枝条由上向下逐渐干枯或枯死，甚至脱落。

（3）防治方法。①栽植抗病品种，选用无病的健康种茎。②发病初期，喷洒1∶1∶100的波尔多液、47%加瑞农可湿性粉剂700倍液、12%绿乳铜乳剂500倍液、77%可杀得可湿性粉剂600倍液或25%炭特灵可湿性粉剂500倍液。

（二）木薯虫害识别与防治技术

1. 朱砂叶螨

（1）发生规律。为害木薯的朱砂叶螨，俗名红蜘蛛。雌成螨椭圆形，锈红色或深红色，体背两侧有块状或条形深褐色斑纹，体长约0.6毫米；雄成螨略呈菱形，淡黄色，体较小，长约0.4毫米。成螨、幼螨、若螨均栖息在叶背，并有细丝网覆盖。在热带地区一年发生代数达20代以上。该虫害在高温干燥季节发生严重，遇大雨冲刷，则为害减轻。

（2）为害状。朱砂叶螨用口针刺吸木薯植株下层叶片汁液，在干旱季节扩展延伸到顶叶，受害叶片先在主脉基部附近呈现黄色斑点，病斑后扩展到全部叶片，发病严重时叶片枯黄脱落，以致植株枯死。

（3）防治方法。①采用20%双甲脒乳油的1 000～1 500倍液或40%氧化乐果乳油1 500～2 000倍液，进行喷雾。②种植前，将木薯种茎浸泡在50%马拉硫磷乳油、50%甲胺磷乳油的1 500倍液中5分钟。③注重使用抗螨类品种及螨类天敌。螨类的天敌种类较多，常见的有拟小食螨瓢虫、小花蝽、小隐翅虫、六点蓟马、拉戈钝绥

螨、花毛钝绥螨等，可加以保护利用和引进释放。

2. 黑网珠蜡蚧

（1）发生规律。黑网珠蜡蚧雌若蚧为害木薯茎及叶片，严重时可使之落叶。若虫初时为灰绿色，后为灰黑色，雌虫栗色至浓紫色，近似椭圆形，体长3～5毫米、宽2～3毫米。此虫世代重叠，终年可见成虫和若虫，幼龄若虫有群集于叶面及茎上的习性。

（2）为害状。幼虫分泌蜜露诱发煤烟病，使叶面及茎的表面呈现污黑色，影响植株光合作用。

（3）防治方法。①清理干净残余的根、茎、叶，及时清除受害植株。②喷施25%亚胺硫磷乳油、50%马拉松乳油、50%二溴磷乳油1 000倍液。③注重利用天敌防控，如黑褐小蜂、金小蜂等。

3. 食根缘齿天牛

（1）发生规律。食根缘齿天牛属鞘翅目，天牛科，分布于海南、广东、广西及云南等地。成虫体长3～6厘米、体宽1～2厘米，棕红色，仅头部及触角基部棕黑色，仅雄虫后胸腹板被棕色绒毛，雄虫触角略长于身体，而雌虫触角仅长达鞘翅一半。幼虫老熟后在土中化蛹，蛹外有泥土胶合成的扁椭圆形蛹室包裹，蛹室内壁光滑，化蛹处土质较为坚实。乳白色老熟幼虫体长约7厘米，体粗肥，呈圆筒形略扁，橙黄色，头近方形。成虫白天不活动，躲于覆盖物或大泥块下，夜间出来活动。

（2）为害状。幼虫咬食种茎及块根，使植株死亡及块根腐烂。

（3）防治方法。①在种植木薯时将食根缘齿天牛的其他寄主清除干净。②灯光诱杀成虫。③发现被害植株立即清除，可浇灌50%辛硫磷乳油2 000倍液。

第十八章　槟榔关键栽培技术

　　槟榔为棕榈科槟榔属常绿乔木，茎直立，乔木状，高10米以上，最高可达30米，有明显的环状叶痕，雌雄同株，花序多分枝，子房长圆形，果实长圆形或卵球形，种子卵形，花果期3—4月。槟榔果实是重要的中药材，具有较强的杀菌抑虫、促消化、抗氧化等功效，在部分地区也作为一种咀嚼嗜好品。槟榔喜高温、雨量充沛湿润的气候环境，主要分布在南纬28°～北纬28°地区。槟榔生长的最适温度为10～36℃，最低温度不低于10℃，最高温度不高于40℃，海拔为0～1 000米。槟榔要求降水充足，忌积水，相对湿度在60%～80%对槟榔生长有利，在年降水量1 700～2 000毫米的地区均能生长良好。槟榔幼苗期需要适当遮阳，保持60%左右的透光度更有利其生长；成龄树则需要充足光照，光照不足会造成植株徒长，结果迟，产量低。槟榔喜深厚、肥沃、排水良好的土壤，土层深度以100厘米以上最适合，海拔则以300米以下为宜。槟榔属于风媒花为主的植物，微风有利于花粉传播，但强热带低压和台风对槟榔的生长极为不利。

　　槟榔原产马来西亚，广泛栽培于亚洲热带地区，主要集中在印度、缅甸、印度尼西亚、中国、孟加拉国、斯里兰卡、泰国、尼泊尔等国。印度的槟榔产量居世界首位，占世界槟榔总产量的50%以上，印度尼西亚是世界上最大的槟榔出口国，巴基斯坦是世界上最大的槟榔进口国。槟榔种植面积和产量在全世界范围内均呈不断增长趋势，2019年全世界槟榔种植面积已超90万公顷，产量超100万吨。我国引种栽培槟榔已有2 100多年的历史，主要种植于海南和台湾，在广东、广西、福建及云南部分地区也有少量栽培。我国槟榔产量位居世界第二，其中海南的种植面积和产量约占我国95%以

上。据海南省农业农村厅统计，2020年全省槟榔种植面积约12.47万公顷，收获面积约8.85万公顷，总产量约28.33万吨，槟榔是海南仅次于橡胶的第二大热带经济作物。

一、槟榔种苗与栽植技术

我国槟榔主栽品种最初以海南本地种为主，后来逐渐出现泰国种、越南种等。槟榔种苗繁殖种子可选择15~20年生、成熟早、产量高、株型高度中等、生长整齐、无黄化病的植株作为种母树，母树应生长健壮，叶绿，叶片数8片以上，茎干粗壮、上下均匀、节间短。在母树生长旺季，选择第二至四穗果分枝中间部分色亮、果大饱满、果皮薄、种仁重、大小均匀的果实采种作为繁殖种子，筛选去除残次果后进行催芽和苗床育苗，培育田间栽培用槟榔种苗。

槟榔种苗茎围和茎节数量与槟榔结果产量密切相关，槟榔栽培中种苗应选择12~18个月龄且种苗选择系数（种苗选择系数=叶片数×40-株高）在50~150的幼苗用于移栽。槟榔苗定植时间最好在雨季，种苗带土移栽。在定植前2个月按株行距2.7米×2.7米（间作槟榔园可采用4米×6米）先开挖60厘米×60厘米×60厘米的定植穴。定植时，将表层土回填至穴内，并在底部填充15厘米厚的肥土，将种苗放置穴中央，高出地面约15厘米覆土压实。若种植季节光照强，定植后可将已展开叶剪去1/2，并适当遮阴，每天浇水至长出新叶后，可减少浇水次数。

二、槟榔营养特性与施肥技术

（一）槟榔营养特性

槟榔植株体内氮主要分布在果实和叶片，磷分布在叶柄和果柄，钾分布在果柄和叶柄，钙分布在叶和果柄，镁分布在叶和叶柄。越冬期时，槟榔主要表现为营养生长状态，各营养元素主要集中在幼嫩的心叶中。由越冬期进入花苞期，花苞处于发育旺盛期，槟榔植株调整营养元素吸收，主要表现在根系对营养元素的吸收增加，形成从根、茎、苞叶到花苞的富集动态；其次是植株调节营养元素的分布，各营养元素主要表现为向生殖器官内移动。花苞期时，植株生殖生长强于营养生长，此时各营养元素明显富集于花枝和雌、雄花中。由花苞期进入花期，槟榔花处于盛开时期，各器官对营养元素的需求已基本达饱和状态或呈现降低趋势，可能与雄花脱落带走养分有关，但花器官对于磷、锰、铜、铁元素的需求量仍处于上升趋势，而心叶则对氮、磷、硼元素的需求量上升。花期时，花枝逐渐成熟，对磷、锰元素的需求量下降，雌、雄花盛开，雌花对铁元素的需求量下降，而雄花对磷、锰、铁元素的需求量继续上升，花器官内对其他元素的需求量均呈下降趋势。由花期进入果期，生殖生长减弱而营养生长增强，花枝转变成果枝，对硼元素的需求量上升，对其他元素的需求量呈现不同程度的下降，雌花转变成果，对钾、硼、铁元素的需求量上升，心叶对各营养元素的需求量均呈上升趋势（除铜外）。果期时，槟榔果处于成熟期，对钾、硼、铁元素的需求量上升，氮、磷、镁、锌元素主要集中于心叶。槟榔生长从土壤中带走的养分总量分别为：氮（N）57.1克/株、磷（P_2O_5）6.84克/株、钾（K_2O）72.96克/株、钙（CaO）23.38克/株、镁（MgO）14.92克/株。槟榔结果树各养分的最佳配比为N：P_2O_5：K_2O：CaO：MgO＝1：0.12：1.28：0.41：0.26。

（二）槟榔施肥技术

1.幼龄树施肥

槟榔幼树以营养生长（根、茎、叶）为主，对氮素的要求较高。施肥原则为以补充氮肥为主，适当施用磷钾肥。植后第二年至结果前，每年要施3次肥，每株每次施有机肥5～10千克，磷肥0.2～0.3千克，尿素0.1千克，结合扩穴，可在树冠外缘挖30～40厘

米深的半月形沟进行沟施并覆土。

2. 成龄树施肥

成龄树营养生长和生殖生长同时进行，施肥以磷钾肥为主，辅以氮肥。

（1）养树肥。在采果结束后施用，占全年施肥量的1/3。施肥目的是使槟榔树在采果后能及时得到养分补充，促进采果后的树势恢复及其后的花序分化，为来年的开花结果打下基础。施肥时间一般多在11月下旬或12月，以有机肥和磷钾肥为主，提高槟榔冬季耐低温、耐干旱和光合作用的能力。每株槟榔施有机肥10～15千克，氯化钾100～120克，磷肥0.5～1千克。具体的施用方法为在树根15～20厘米处挖沟施入，然后覆土，几种肥料最好混合后一起施用。

（2）花前肥。在2月开花前施，由于槟榔的花苞处于快速生长阶段，进入3—5月花序陆续开放，树上上一年的果实也处于成熟期，故对钾需求量大。本次施肥以钾肥为主，配合施用氮肥，目的是促进花苞正常发育，提高开花结果率和成熟期果实的饱满度，并使叶片正常生长。一般每株槟榔施有机肥10～15千克，氯化钾125～150克。

（3）壮花肥。3—4月是槟榔盛花期，提高槟榔树开花结果稔实率，以施用氮钾肥为主，花前肥施用量大时，这次施肥可以不施或少施。

（4）催果肥。6—9月施用，此时果实体积处于迅速膨大期，也是一年抽生叶片的旺盛期，对氮的需求迫切。本次施肥以提高氮肥的用量比例为主，促进叶片的生长，提高坐果率，使果实体积增大。每株槟榔施有机肥10～15千克，尿素120～150克，氯化钾70～125克。

（5）壮果肥。为促进青果生长，增加一级青果，提高经济效益，每采一穗青果，施1次攻果肥。本次施肥以速效性的氮钾肥为主，如果前几次施肥量大，可根据树势来确定施肥时间和施肥数量。

另外，水肥一体化技术通过将灌溉技术与配方施肥技术相结合，在作物生长发育过程中将水分和配方肥以"少量、多次"的原则施入，同时提高植株对水分的利用率及对养分的吸收利用率，植株根系吸收快速、有效，基本避免了水分、肥料资源过剩而导致的浪费，具有增产、提高作物品质，减少水肥过剩，提高经济效益的优点。可以根据推荐施肥量，结合水肥一体化技术将水和肥料少量多次施入，使根系更加有效地吸收养分。

三、槟榔病虫害识别与防治技术

（一）槟榔病害识别与防治技术

1. 槟榔叶斑病

（1）发生规律。槟榔叶斑病也叫叶枯病，病原为盘多毛菌属真菌，病菌以菌丝体和分生孢子盘在病残体上越冬，借风雨传播。失管荒芜、杂草较多、通风透光不良、湿度大的槟榔园发病较多，一般幼龄槟榔树发病较重。

（2）为害状。发病初期，受害槟榔的叶出现褪绿的小黄点，继而发展为圆形或椭圆形褐色病斑，病斑边缘黑褐色，外围具明显的黄色晕圈。多个病斑汇合呈灰白色后，叶片组织大面积坏死，导致槟榔长势衰弱。后期病斑中散生许多小黑点，并扩展为不规则形或长条形褐斑，边缘有暗褐色坏死线，但病斑不呈轮纹状，无黄色晕圈。

（3）防治方法。①加强田间管理，排除积水，增施有机肥。②及时清除落叶、老叶、病叶，降低病原密度。③用1%波尔多液、50%甲基托布津可湿性粉剂1 000倍液或75%百菌清可湿性粉剂600～800倍液喷雾，每隔10～15天喷1次，连喷3～5次。

2. 槟榔炭疽病

（1）发生规律。槟榔炭疽病病原为胶孢炭疽菌，其传播的主

要媒介是风雨。槟榔遭受寒害后，往往发病严重；失管荒芜、缺肥或害虫多的槟榔园也易发病。本病多发生在高温多雨季节，长期连续阴雨发病更加严重。一般发病期遇雨、露、雾多的天气，病害扩展迅速。槟榔育苗时，荫蔽或密度过大、通风透光不良或湿气滞留发病重。

（2）为害状。主要为害叶片、花序、果实。叶片染病初为水渍状暗绿色小点，病斑大，不规则形，灰褐色，具轮纹，边缘有双褐色线围绕，其上密布小黑点，后期病组织破裂。在老的叶片上则多为圆形至多角形的病斑，其上也常具分生孢子盘，但多为子囊壳。花序染病引起回枯，重者造成落花落果，在高温潮湿的条件下，病部上生橙红色的黏质小点，即病原菌的分生孢子团。染病果实上病斑圆形，褐色至暗褐色，有时具同心轮纹，潮湿时也生黏质的橙红色小点。

（3）防治方法。①合理施肥，消灭荒芜，增强植株抗病能力。②冬季做好田间卫生，清除病叶。③可用1%波尔多液、70%甲基托布津可湿性粉剂1 000倍液或80%代森锰锌可湿性粉剂800倍液喷雾。

3. 槟榔黄化病

（1）为害状。槟榔黄化病是一种由植原体引起的、缓慢降低槟榔产量的病害。槟榔黄化病发病初期，植株中下层2～3片叶片开始变黄，心叶变小，逐渐发展到整株叶片黄化；黄化叶片的末端慢慢焦枯并干裂，发病严重时造成树冠倒伏。部分病株树冠顶部叶片明显缩小，呈束顶状。果实呈现出鲜艳的橘黄色，有时结有少量变黑的果实，但不能食用，提前脱落，常在顶部叶片变黄1年后脱落，留下光杆，最后整株死亡。大部分感病株出现黄化症状后5～7年即枯顶死亡。

（2）防治方法。①发现种植园内有类似症状，应及时清除病株。②加强栽培管理，增施草木灰等农家肥，提高植株的抗病能力。③在槟榔抽生新叶期间，喷施拟除虫菊酯类农药如速灭杀丁、敌杀死等1 500～2 000倍药液进行保护。④新种植槟榔地区，引种时应注意观察引种苗圃周边的槟榔树，杜绝从槟榔黄化病严重发生的地区引进种苗。

（二）槟榔虫害识别与防治技术

1.红脉穗螟

（1）发生规律。红脉穗螟土名叫蛀果虫、钻心虫，是槟榔的重要害虫，无明显的越冬现象，周年可发现幼虫和蛹。幼虫在大田出现的第一个高峰期是6月下旬，主要为害花穗；第二个高峰期是10月上旬，主要为害成果，引起严重落果。成虫不为害槟榔，白天静伏在槟榔叶背面，多在夜间活动，趋光性不强。

（2）为害状。红脉穗螟幼虫主要钻食槟榔的花穗和果实，偶见为害槟榔心叶。幼虫钻入槟榔的佛焰苞，被害花苞多数不能展开而慢慢枯萎。已展开的花苞也会被幼虫为害，幼虫把几条花穗用其所吐出丝粘缀起来，加上其排泄物而筑成隧道，幼虫隐藏于其中，取食雄花和钻蛀雌花。幼虫也钻食槟榔的幼果和成果，主要从果实果蒂附近的幼嫩组织侵入，钻食果实的果肉，被蛀果留下果皮，提早变黄干枯，造成严重落果。此外，幼虫还钻食槟榔的心叶，心叶的生长点被取食，导致整株槟榔死亡。

（3）防治方法。①及时清除被红脉穗螟幼虫为害的花穗和果实。②冬季结合清理槟榔园，把园内的枯叶、枯花、落果集中烧毁或堆埋。③在幼虫出现的高峰期可喷施20%速灭杀丁乳油800～1 000倍液或2.5%敌杀死乳油1 000倍液，防治效果良好。

2.黑刺粉虱

（1）发生规律。黑刺粉虱又名橘刺粉虱，一年发生多代，以2～3龄幼虫在叶背越冬。发生不整齐，田间各种虫态并存，成虫多在早晨露水未干时羽化，初羽化时喜欢荫蔽的环境，日间常在树冠内幼嫩的枝叶上活动，有趋光性，可借风力传播到远方。

（2）为害状。黑色若虫群集于槟榔叶背吮吸汁液，叶片被害

处出现黄色斑。虫体分泌蜜露，诱发煤烟病。严重受害的植株，下层叶片提前干枯，造成植株长势减弱，影响产量。

（3）防治方法。①冬季做好清园工作，改善槟榔园的通风透光性，及时消除树上外部老叶。②幼虫盛发期可选用20%啶虫脒可溶液剂1 500倍液+48%毒死蜱乳油1 500倍液进行防治。

3. 介壳虫

（1）发生规律。介壳虫属于渐变态昆虫，一般1年发生1~3代，少数4~5代，常因种类、地域、气候条件、寄主及寄生部位等而有区别，其发生为害与环境条件关系密切。介壳虫是一类营寄生生活的小型昆虫，在植株上不大活动或完全固着在植株上，主要通过风、水、动物进行自然传播。

（2）为害状。介壳虫常群集于枝、叶上吸取汁液，形成大面积黄斑，严重时会造成枝条凋萎或全株死亡；此外，介壳虫的分泌白色蜜露能诱发煤烟病，危害极大。

（3）防治方法。①发生初期可喷施20%啶虫脒可溶液剂1 000倍液+48%毒死蜱乳油1 000倍液。介壳虫具有蜡腺，能分泌蜡质覆盖虫体，防治时应抓住1~2龄若虫关键时期施药。②做好肥水管理，增强树势，减轻害虫为害。③及时清除寄生介壳虫的老叶，减少虫口基数。

4. 红蜘蛛

（1）发生规律。红蜘蛛又名棉红蜘蛛，学名叶螨，我国的种类以朱砂叶螨为主，属蛛形纲、蜱螨目、叶螨科。红蜘蛛分布广泛，食性杂，可为害110多种植物。成螨椭圆形，锈红色或深红色。槟榔小苗或整个槟榔种植过程都有可能被害。红蜘蛛繁殖力强，一年发生多代，发育速度快，周期短，两性、孤雌均可繁殖，适应性强，传播方式多。大多数红蜘蛛属于高温活动型。

（2）为害状。红蜘蛛为害症状俗称火龙，因红蜘蛛为刺吸式口器，常聚集于叶背刺吸汁液，受害叶片开始为白色小斑点，继而褪绿变为黄白色，叶缘收缩，叶片不展，影响叶片光合作用，严重时叶片枯黄，呈锈褐色，如火烧一样，故此得名。为害严重时，造成落叶，果实发育缓慢，果实皮质粗糙，品质差，产量低，最终植株枯死。

（3）防治方法。①加强槟榔园管理，合理密植，合理施肥，增加槟榔植株抗性，减少虫害的发生率。②对槟榔园内的残叶及病虫害叶及时清理、烧毁，减少虫源。③对槟榔园内的一年生的杂草要及时割除，特别是槟榔根颈部的杂草要采用人工清除，不要使用除草剂，避免伤及根部，主要是保证槟榔根颈部的清洁，减少害虫再次侵染的概率。④发生初期使用10.2%阿维·哒螨灵乳油1 000～2 000倍液或20%阿维螺螨酯悬浮剂1 000～1 500倍液叶面喷施，连喷2～3次。

第十九章　胡椒关键栽培技术

　　胡椒是胡椒科胡椒属多年生常绿藤本植物，素有香料之王的美誉，是世界最重要的香辛作物之一，也具有重要的药用和工业价值。胡椒茎、枝无毛，节显著膨大，常生小根。花杂性，通常雌雄同株，浆果球形，无柄，花期6—10月，生长在年降水量2 500毫米的热带地区，生长期中间还需要一段干热的间隔时间。胡椒生长慢，耐热、耐寒、耐旱、耐剪、易移植，适合种植在土层深厚、结构良好、易于排水、比较肥沃的沙壤土，且土壤pH 5.5～7比较适合。

　　胡椒原产于东南亚、南亚热带地区，印度尼西亚、印度、马来西亚、斯里兰卡及巴西等国家是胡椒的主要出口国。我国于1947年引种栽培胡椒，其主要分布在海南、福建、广东、广西、云南及台湾等省区，其中海南胡椒产量占我国胡椒总产量的90%以上。我国胡椒种植面积从2011年来持续上升，到2017年种植面积达到2.59万公顷，较上年增加0.04万公顷，同比增长1.57%；2018年我国胡椒种植面积增加至2.63万公顷左右，同比增长1.54%。

一、胡椒种苗与栽植技术

　　胡椒的种苗繁殖方式分有性繁殖和无性繁殖两种，无性繁殖主要为插条繁殖。插条繁殖是生产上最普遍的繁殖方法。种苗的品质直接影响胡椒初期的成活率和抽蔓率。因此，胡椒生产中应选择生长健壮、无病虫害、树龄1～3年的优良植株作为母树，割取健壮的主蔓作为种苗。海南胡椒割蔓以春、秋两季为宜，在割蔓前10～15天将主蔓顶端3～5节幼嫩部分去掉，选择阴天或晴天下午进行割蔓。割蔓后要及时进入苗圃育苗或定植。

胡椒种苗定植时间以每年春季（3—4月）或秋季（9—10月）为宜，定植应在晴天下午或阴天进行。平地或缓坡地，支柱地上部长约1.5米，株行距1.8米×0.8米为宜；支柱地上部长度大于1.5米，株行距2米×2.3米为宜；支柱地上部长度大于2.2米，株行距2米×2.5米为宜。土壤肥沃或坡度大的园地，支柱地上部长度大于2.2米，株行距2.2米×（2.5~3）米为宜。胡椒一般采用双苗定植，两条种苗对着支柱呈"八"字形放置。种苗定植时，定植方向应与梯田走向一致，胡椒头不宜朝西，在离支柱约20厘米处挖"V"形小穴，宽30厘米，深40厘米，靠近支柱的坡面呈45°斜面，并压实。每条种苗上端2个节露出垄面，根系紧贴斜面，分布均匀，自然伸展，并覆土压紧。也可在种苗两侧施用有机肥5千克左右，回土，浇足定根水，并对种苗进行遮阴保护。

二、胡椒营养特性与施肥技术

（一）胡椒营养特性

胡椒是多年生藤本作物，年年生长和开花结果。胡椒在生长发育过程中需氮、磷、钾、钙、镁、铁、锰、锌、硼、钼等多种营养元素，并且胡椒植株各器官中营养元素含量以氮最高，钾次之，再次为钙、磷、镁。一年生胡椒植株地上部和地下部的鲜重比为5∶1，但随着生长，蔓和新梢的重量不断增加，四年生植株地上部和地下部鲜重比为10∶1。

胡椒各器官氮含量在各个生长阶段均较高，蔓部和新梢的氮含量从生长前期到生长后期不断升高，休眠期下降。根部和果实的氮含量在生长前期高，生长中期和生长后期下降，休眠期再次增多。缺氮时植株生长缓慢，主蔓节间短，生长势弱，叶片黄化。氮肥过量则枝叶过于茂盛，叶大而薄，很少开花结果。胡椒植株各器官磷

含量均较低，植株体内磷浓度在整个生育期均较低，仅在生长中期增高，到生长后期和休眠期又下降。但磷对根系生长和花芽发育都有促进作用。缺磷时，叶暗绿，下垂，花芽发育受到影响。钾对胡椒的生长和果实的发育都具有重要作用。胡椒各器官的钾含量均较高，从生长前期到中期、后期，植株钾含量下降，休眠期又升高。在果实和叶片中钾含量特别高。缺钾时叶尖和叶缘组织坏死，有时还发生"顶枯"现象。胡椒植株体内镁含量从生长前期到中期略高，后期下降。叶片、新梢和蔓的钙含量在生长前期高，中期低，到后期和休眠期又升高。

根据中国热带农业科学院香料饮料研究所试验表明，结果胡椒当年叶片、枝条的生物量积累在花穗生长发育最旺盛的9月至翌年2月最大，而果实膨大到收获的3—4月生物量积累逐渐减少。但养分消耗量则因器官不同而异，例如叶片、枝条对氮、磷、钾、钙、镁等营养元素的消耗9月至翌年2月均大于3—8月，其中钾最为突出；而花果除钙、锰外，消耗集中在3—8月，其中氮最为突出。结果胡椒养分年消耗量为氮315.2克、磷20.9克、钾204.5克、钙175.5克、镁32.4克。

（二）胡椒施肥技术

1. 幼龄胡椒施肥

幼龄胡椒主要是营养生长，即根、蔓、枝、叶的生长，以施用速效肥为主，配合施用有机肥。根据幼龄胡椒的生长发育特点，应贯彻勤施、薄施、生长旺季多施液肥的原则。

定植前2个月内挖穴，穴规格为长80厘米、宽80厘米、深70~80厘米。挖穴时，应将表土、底土分开放置，清除石头等杂物，暴晒20~30天回土。回土时先将表土回至穴1/3，然后将充分腐熟的有机肥15~25克（加入过磷酸钙0.25~0.5千克混匀）与土壤充分混匀回穴踏紧，再继续填入表土，做成比地面高约20厘米的土堆，以备定植。

南方特色经济作物关键栽培技术

正常生长期每20～30天施用1次水肥。水肥由人畜粪、尿、饼肥和绿叶沤制腐熟后施用。1龄胡椒每株每次施用2～3千克，2龄胡椒每株每次施用4～5千克，3龄胡椒每株每次施用6～8千克，具体施用量应视植株生长情况而定。如果水肥太浓可加水，浓度不够，可加复合肥。水肥一般在植株两侧冠外轮流沟施。注意高温干旱和雨后土壤湿度太大时，不宜施肥。

在每次剪蔓前几天应该施1次质量较好的水肥，以促进蔓枝生长。春季施有机肥和磷肥，一般每株穴施腐熟牛粪30千克左右，过磷酸钙0.25～0.5千克，饼肥1千克，并结合施有机肥进行深翻扩穴改土，深翻扩穴改土工作应在胡椒封顶放花前完成。

2. 结果胡椒施肥

结果胡椒的营养生长和生殖生长同时进行。在自然气候条件适宜时，抽枝叶和抽穗开花同时进行；如果条件不适合，花芽发育不正常，则只抽叶而不开花。胡椒果实的生长发育期长（抽穗开花至果实成熟需9～10个月），消耗养分多，植株容易因养分不足而生理性营养耗竭、生长停顿、梢枯等。要获得高产稳产，必须及时施肥。根据胡椒开花结果的物候期，结果胡椒一般每个结果周期施肥4～5次。

（1）第一次重施攻花肥。攻花肥以速效氮肥、磷肥为主，配施有机肥和钾肥，施肥量约占全年施用量的1/3。主花期前3个月的下旬，每株施用腐熟有机肥（牛粪30千克或羊粪20千克左右与0.25～0.5千克过磷酸钙等堆沤而成）15千克，在植株行间和株间（离胡椒头正面远些）穴施，肥穴长80～100厘米，宽30～40厘米，深30～40厘米。挖穴后，先将表土回至穴的1/3，然后将有机肥与土充分混匀回穴，再继续回土至略高于地面。在主花期前1个月的下旬（一般在8月）、下透雨、植株中部枝条侧芽萌动时施，每株施水肥10～20千克、高氮型复合肥0.4～0.5千克，在植株两旁半月形沟施，或在植株两旁和后面"马蹄"形环沟施。沟距离树冠叶缘10厘米左右，深10～15厘米。开沟后，先施水肥，水肥干后施

复合肥，然后覆土。植株生长较弱时施肥量可适当减少。

（2）第二次施辅助攻花肥。第一次施肥后1个月左右，每株施水肥10千克、高钾型复合肥0.3～0.4千克，在第1次施肥的肥沟对面半月形浅沟施。沟距离树冠叶缘10厘米左右，深10～15厘米。开沟后，先施水肥，水肥干后施复合肥，然后覆土。

（3）第三次施养果保果肥。第二次施肥后1个月左右，幼果如绿豆般大小时施肥，以满足果实生长发育的需要，提高果实抗寒能力，减少落果。每株施水肥10千克、饼肥（沤水肥）0.25千克、高钾型复合肥0.3～0.4千克。半月形浅沟施，肥沟距离树冠叶缘10厘米左右，深10～15厘米。开沟后，先施水肥，水肥干后施复合肥，然后覆土。

（4）第四次施养果养树肥。主花期在春季和秋季的地区，在第三次施肥后4个月，每株施水肥10千克、高氮型复合肥0.2～0.3千克，在植株后面、两侧和四株之间轮流沟施。开沟后，先施水肥，水肥干后施复合肥，然后覆土。主花期在夏季的地区，在11月时每株施水肥10千克、高钾型复合肥0.25千克、火烧土10～15千克或草木灰1～2千克，在植株后面、两侧和四株之间轮流沟施。开沟后，先施水肥，水肥干后施复合肥，然后覆土。

此外，胡椒在生长和开花结果过程中，需要补充一些微量元素，从市场上购买微量元素叶面肥，根据叶面肥规定施用浓度进行叶面喷施，对胡椒生长和开花结果具有促进作用。红壤土地区，结合松土，每株撒施石灰0.5千克，增加钙肥并中和土壤酸性，对胡椒生长和结果都有利。上面所述是一般的施肥期和施肥用量，根据各地自然气候条件、每年植株生长发育情况、本植区留花季节、采果及长势情况的不同，可适当提前或稍推迟施肥，也可适当增减施肥量。

三、胡椒整形修剪技术

胡椒栽培管理中新蔓抽出3～4个节时需要开始绑蔓，每隔10天左右绑蔓1次。绑蔓时将分布均匀的主蔓绑于支柱上，每2个节绑1道。另外，在3—4月和9—10月需要进行剪蔓，第一次剪蔓在定植后6～8个月且植株大部分高度约1.2米时进行。在距地面约20厘米分生有2条结果枝的上方空节处剪蔓，新蔓长出后，每条蔓切口下选留1～2条健壮的新蔓，剪除地下蔓。第二至五次剪蔓在选留新蔓高度约1米以上时进行，在新主蔓上分生的2～3条分枝上方空节处剪蔓，每次剪蔓后选留高度基本一致、生长健壮的新蔓6～8条绑定，并及时剪除多余的弱蔓。当新蔓生长超过支柱30厘米时需要进行封顶剪蔓，在支柱顶端交叉并绑好，在近支柱顶端处用铝芯胶线绑好固定。剪蔓后支柱通常开始大量萌芽，抽出新蔓，可按留强去弱原则，留6～8条粗壮、高度基本一致的主蔓，及时剪除多余的芽和蔓。

结果胡椒植株除主花期外其余季节抽生的花穗应及时摘除。为了提高产量，每隔2～3年需要对生长旺盛、老叶多的植株进行摘叶，一般在主花期前1个月进行摘叶，长果枝（4～7个节的果枝）留顶端2～3片叶，短果枝（1～3个节的果枝）留顶端1～2片叶。另外，还应及时剪除树冠内部抽生的徒长蔓及树冠顶处蔓芽。

四、胡椒病虫害识别与防治技术

（一）胡椒病害识别与防治技术

1. 胡椒瘟病

（1）发生规律。胡椒瘟病亦称胡椒基腐病、速衰病、黑水病，病原是辣椒疫霉和寄生疫霉，其孢子囊或游动孢子的芽管可从

寄主的自然孔口或伤口侵入，亦可直接穿入幼嫩组织。病菌主要借流水和风雨传播，人、畜、农具、种苗和大蜗牛也能带菌传病。

（2）为害状。在植株下层枝蔓上的叶片最先感病，开始为浅褐色或灰黑色水渍状斑点，后迅速扩大成黑褐色、圆形病斑，边缘呈放射状扩展，轮廓不明显，环境潮湿时在病叶背面长出白色霉状物，即病菌的菌丝和孢子囊。气候干燥时霉状物消失，病斑变成灰褐色，病叶最后脱落。嫩枝蔓染病皮层产生水渍状、墨绿色病痕，重病时一节一节地脱落。花序和果穗染病一般由顶端开始，产生水渍状斑，以后变黑、干枯。病株根系染病则变黑、腐烂，并逐渐向根尖扩展，而下层其他根系尚未受害。

（3）防治方法。①使用无病种苗，不在病园剪蔓作插条材料，并且应在无病的地块育苗。②加强抚育管理，适当修剪贴近地面的枝蔓，椒园行间种植覆盖植物或用干草覆盖，以减少病菌流水传播和下雨时溅散传播。③发病初期对发病中心及周围植株喷施1%波尔多液或40%三乙膦酸铝可湿性粉剂100倍液，并且用1%硫酸铜溶液或1%波尔多液喷洒病区的行间土壤。

2. 胡椒细菌性叶斑病

（1）发生规律。胡椒细菌性叶斑病病菌是萎叶叶斑病黄单胞菌，本病在胡椒园内整年都存在。病组织上干的细菌溢脓遇水溶解，借风雨吹送或水滴溅射传播，昆虫、人员作业也能传播病菌。本病病菌通过伤口或自然孔口侵入，潜育期10~14天。

（2）为害状。叶片染病初期产生水渍状病斑，几天后变成紫褐色、圆形或多角形病斑，病斑扩大或多个病斑汇合成1个灰白色大病斑。病健交界处有1条紫褐色分界线，边缘有一黄色晕圈。在潮湿条件下叶背面病斑上出现细菌溢脓，干后变成一层明胶状的膜。枝蔓受害时病菌多从节间或伤口侵入，呈不规则形紫色病斑，剖开病枝可见导管变色。果穗染病初现紫褐色圆形病斑，后整个果穗变黑。叶、枝、花、果重病时均易脱落，而只剩下光秃的主蔓，最终主蔓也变干、枯死。

（3）防治方法。①严禁从病区引进种苗，培育和种植无病胡椒苗。②雨季到来前应将园内感染细菌叶斑病的病叶全部摘除并集中烧毁，并用1%波尔多液喷施病株及其邻近植株，病株所在的地面要同时喷药消毒，连续喷施几次。

3. 胡椒花叶病

（1）发生规律。胡椒花叶病亦称胡椒病毒病，病原是黄瓜花叶病毒，此病主要借带毒的插条（种苗）传播到新植的胡椒园，也可通过嫁接和蚜虫在椒园内传播。棉蚜和绣绒菊蚜是胡椒花叶病的两种主要传毒介体。由于胡椒生产主要用无性繁殖的插条苗作种苗，因此由带病植株的切蔓繁殖的种苗，发病早且严重。一个椒园花叶病的流行强度与所用带毒种苗的数量有密切关系。另外，花叶病的发生与气候条件密切相关，特别是高温干旱期间割蔓繁殖，植株的生长和新梢抽发缓慢，加上高温干旱期蚜虫的发生数量多，有利于此病的传播、蔓延。

（2）为害状。本病一般表现两种类型的症状。一种是植株矮小，主蔓节间缩短，叶色斑驳、花叶，叶片皱缩、变厚、变小、变窄、畸形、卷曲，果穗短，果粒小且少，产量低；另一种是植株高度和叶片大小接近正常植株，只是顶部嫩叶变小或叶色浓淡不均，表现为普遍的花叶症状。

（3）防治方法。①注意抚育管理，新植园要经常检查，及时补插荫蔽物，直到幼苗的枝蔓能荫蔽椒头时，才能除去荫蔽物。要避免在高温干旱天气割蔓。②发现有花叶症状或矮缩的病株应挖除烧毁，然后及时用健壮种苗补植。成龄结果椒株如有表现明显花叶症状的枝条，应剪除病枝，增施水肥，以促使新梢抽发。③在干旱季节和嫩梢多、有利蚜虫发生和传病的时期，可喷施40%乐果乳油1 000倍液等杀蚜虫药剂，铲除传毒蚜虫以控制花叶病蔓延。

4. 胡椒枯萎病

（1）发生规律。胡椒枯萎病病原是腐皮镰刀菌和尖镰刀菌，气候及土壤因素均会影响该病害发生。土壤pH小于6、沙土或沙壤

土、肥力低、排水不良、土壤结构疏松、下层土渗透性差、线虫发生数量较多、高温高湿的气候等均有利于本病的发生。

（2）为害状。染病植株的一般表现是叶子褪绿、变黄、生势不旺、植株矮缩，严重时整株呈萎蔫、衰退状。病株的地上部开始时部分叶片失去光泽，逐渐变黄，随后出现大多数叶片变黄；部分黄叶萎蔫、下垂、脱落、嫩枝回枯，花穗干缩，最终整株萎蔫、死亡。病株的地下部，先是小根变色、腐烂，或靠近地表的茎基部略微变色，维管束开始变褐色；进而是侧根变黑、坏死；严重时病株茎基部和主根腐烂、死亡，潮湿时在茎基部长出粉红色霉状物。

（3）防治方法。①注意选择植地，做好胡椒园排灌系统，既防土壤渍水，又防土壤干旱。②线虫数量多的胡椒园应施用杀线虫剂，减少线虫伤根、降低枯萎病发生率。③对枯萎病初发病株喷施250倍的灭菌灵胶悬剂并淋灌病株根颈附近的土壤。

5. 根结线虫

（1）发生规律。胡椒根结线虫病的病原为根结线虫属的南方根结线虫和爪哇根节线虫。该属线虫雌雄异体，世代重叠，终年均可为害。根结线虫病的发生和流行与土壤类型、气候和栽培管理等有关。一般在通气良好的沙质土中发生较严重，栽培管理差、缺乏肥料特别是缺乏有机肥、土壤干旱的椒园易发生。在旱季寄主地上部症状表现更明显、严重。

（2）为害状。胡椒的大根和小根都能被根结线虫寄生。根结线虫侵害根部，多数从根端侵入，在受害部位形成不规则形、大小不一的根瘤，多数呈球形。初形成的根瘤呈乳白色，后变成淡褐色或深褐色，最后呈黑褐色。旱季根瘤干枯开裂，雨季根瘤腐烂。

（3）防治方法。①选用无病种苗，避免选用前作感病的地段培育胡椒苗或种植胡椒。②开垦的胡椒园，在干旱季节将土壤深翻40厘米以上，反复翻晒2～3次。在近水源处，也可引水浸田两个月以上，排干水后再整地种胡椒。③发病胡椒园可喷施阿维菌素防治线虫。

（二）胡椒虫害识别与防治技术

1. 粉蚧类

（1）发生规律。为害胡椒的粉蚧有长尾粉蚧、橘腺刺粉蚧、臀纹粉蚧、根粉蚧等。长尾粉蚧雌虫产卵于小卵囊中，若虫孵化后从卵囊爬出寻找合适的取食场所。若虫孵化20天后易于区分出雌、雄，雄若虫聚在一起，编织一个粗糙的茧，在其内变成具翅芽的静止不动的若虫，10～14天后，在茧中形成雄虫。雌若虫随着发育长大，分泌的蜡丝逐渐增多。该虫在胡椒叶上聚成小群落，在海南岛4—6月旱季该虫的虫口密度大。随着雨季来临，虫体被真菌大量寄生，虫口密度大大下降。

（2）为害状。为害胡椒叶片及刚抽出的嫩梢，被害叶片长大后其上有持久的褪绿斑，幼小果实被害后停止生长，最后脱落。

（3）防治方法。①清除胡椒园内及周边的野生寄主刺桐。②保护和使用瘿蚊、瓢虫等粉蚧天敌。③喷洒0.1%～0.3%乐果乳油药液。

2. 丽绿刺蛾

（1）发生规律。成虫体长10～17毫米，翅展35～40毫米，翅绿色，胸部背面有一较大的褐斑，腹部及后翅黄色，前翅基部近前缘深褐色，近外缘有深褐色直线形阔带。卵椭圆形，扁平，光滑，淡黄绿色。幼虫体近长方形，老熟时体长约25毫米，黄绿色，各节均生有4枚刺突，上生刺毛。蛹椭圆形，长约13毫米，茧壳坚硬，灰褐色。此虫一年发生2～3代，卵期5～8天，幼虫共8龄历时27～53天，蛹期5～40天，成虫寿命3～10天。成虫具有较强的趋光性，卵产在叶背，聚生成块，呈鱼鳞状排列，上覆蜡质物。初孵幼虫具群集性，常数头聚在叶背。老熟幼虫在藤蔓分叉处或在叶柄基部结茧化蛹，茧圆形，褐色。

（2）为害状。初孵幼虫从叶缘开始取食。老熟幼虫取食胡椒叶片，造成不规则的缺刻，严重时可将叶片吃完。

（3）防治方法。①人工摘除虫茧。②利用黑光灯诱杀成虫。③保护和引放寄生蜂；用每克含100亿孢子的白僵菌粉0.5～1千克，在雨湿条件下防治1～2龄幼虫。④幼虫发生期及时喷洒90%晶体敌百虫、50%马拉硫磷乳油、25%亚胺硫磷乳油、50%杀螟松乳油、40%乙酰甲胺磷乳油或90%巴丹可湿性粉剂等。

第二十章　咖啡关键栽培技术

　　咖啡树为茜草科多年生常绿灌木或小乔木，是一种园艺性多年生的经济作物，其种子（咖啡豆）经过烘焙磨粉制作的饮料，是世界三大饮料之一。咖啡树叶对生，革质，长卵形，在枝条上长出白色花朵，花瓣呈螺旋状排列，开花2～3日后凋谢，几个月后开始结出果实。果实为核果，最初呈绿色，后渐渐变黄，成熟后转为红色，和樱桃非常相似。咖啡属于半荫蔽性作物，在全光照下生长受到抑制。小粒种咖啡需要较温良的气候，要求年平均温度在19～21℃；中粒种咖啡需要较高的温度，要求年平均气温宜在23～25℃。最适宜花芽发育的夜温为20～21℃，最适宜开花的温度为17～20℃。降水量一般为1 000～1 800毫米，年降水量在1 250毫米以上，且分布均匀，最适合于咖啡生长和发育。咖啡根系发达，肥沃的沙壤土或红壤土均适合种植咖啡，排水不良的黏土对咖啡根系生长不利。土壤pH低于4.5时，咖啡树根系发育不良。

　　咖啡树原产于非洲埃塞俄比亚西南部的高原地区。自1898年引进我国海南省文昌市迈号镇种植以来，经过了100多年，我国咖啡进入高速发展时期。2016—2018年，全国咖啡种植面积变化不明显，全国咖啡总面积184.05万亩，同比增长2.35%，其中收获面积141.24万亩。2018年全国咖啡豆总产量13.79万吨，居全球第十三位，产量较上年减少6.35%，其中云南产量占全国产量的99.55%，海南占0.40%，四川占0.15%，广东、广西、福建、贵州、西藏等省区咖啡产量较少。2020年，云南的咖啡豆产量为13.51万吨。目前，我国咖啡消费市场规模约1 000亿元，其中速溶咖啡占72%，现磨咖啡占18%，即饮咖啡占10%。与美国、日本等发达国家相比，我国咖啡消费仍处于初期阶段。

一、咖啡种苗与栽植技术

小粒种咖啡种子繁殖后代变异小，生产上多采用有性繁殖；中粒种咖啡种子繁殖实生苗后代变异大，多采用无性繁殖方式培育优良母树的种苗。随着育苗技术的发展，通过组织培养技术也可以快速繁殖获得中、小粒种咖啡种苗。当咖啡种苗生长健壮，苗高30厘米以上，茎粗0.5厘米左右，具有真叶5～7对，分枝1～3对，即可出圃定植。

咖啡栽植前需要挖面宽、底宽和深分别为60厘米、40厘米和50厘米的定植沟，并于定植前半个月将5～10千克农家肥、0.1～0.5千克磷肥与表土混匀回填至定植沟内。咖啡苗定植时间一般为2月中旬至8月，在前期回填土壤的定植穴中挖洞放入苗木，并分层回土压实，培土于枝茎基部，浇透定根水，并覆盖根圈。平地或5°以下坡地一般按6 240株/公顷、株行距0.8米×2米栽植；5°～15°坡地一般按4 995～6 240株/公顷、株行距（0.8～1）米×2米栽植；15°～20°坡地一般按4 155～4 995株/公顷、株行距0.8米×（2.5～3）米栽植。

二、咖啡营养特性与施肥技术

（一）咖啡营养特性

咖啡是多年生热带作物，其生长速度和雨水、气温关系密切，如海南5—10月降水较多，气温高，植株生长量较大，在高温干旱季节或冬季低温时期，生长缓慢。咖啡品种不同，其生长发育也存在差异。小粒种咖啡的主根较短，侧根不多，主要生长于土壤表层；中粒种咖啡主根较长，生长较深，侧根主要分布在15厘米的土层中。小粒种咖啡盛花期在云南为2—3月，在海南为3—4月；中粒种咖啡在海南从11月至翌年4—5月均陆续开花，2—4月为盛花期，大粒种咖啡4—6月为盛花期。小粒种咖啡从开花到果实成熟需要6～8个月，在当年9—11月成熟，盛熟期9—10月；中粒种咖啡从开花到果实成熟需要10～12个月，在11月至翌年5月成熟，盛熟期2—4月。咖啡的需肥规律也与周年气候变化具有密切关系，高温高湿季节咖啡生长快，养分需要多；低温旱季和高温旱季咖啡生长慢，需肥不大。

咖啡作为热带亚热带地区一种主要经济作物，其营养状况直接影响自身生长、产量和品质。咖啡全年生长发育，新梢生长量大，结果枝需年年更新，果实从开花到成熟时间长，需要消耗大量养分，因此咖啡正常生长需要有充足的养分供应。咖啡植株对氮、磷、钾、钙、镁元素需求量为氮＞钾＞钙＞镁＞磷，即咖啡植株对氮、钾的需求量较高。咖啡栽培过程中最需要氮肥的季节是开始开花和生长的雨季初期及浆果成熟期，氮充足可使咖啡树生长旺盛，提高产量，咖啡缺氮则叶片变成淡绿色或黄色，叶片缩小，植株生长受到抑制，无荫蔽栽培尤为明显。磷对咖啡根系的生长具有促进作用，土壤缺磷往往是限制咖啡生长的主要因素，缺磷植株老叶出现斑驳和不规则的红黄色斑点。钾对咖啡果实发育及枝条生长都具有重要作用，缺钾植株生长势衰弱，幼果大量枯死，容易枯梢，老叶出现坏死组织，并且落叶严重。咖啡果实中钙的浓度比叶片中要低一些，通常土壤中供应的钙能够满足需求，缺钙植株幼叶边缘失绿和生长点枯萎，而且钙不能从老叶转移至新的枝条上。镁在咖啡果实中含量也较高，缺镁植株老叶出现失绿现象，不久即凋落，中脉变黄，叶脉间出现典型的失绿现象。

根据咖啡的营养特性，咖啡生殖生长早于营养生长。咖啡植株高产年后由于生理性营养耗竭，影响新枝条生长，并且结果枝来年多数不再结果或少结果，要靠新枝条代替老枝条，所以来年果实潜在产量将极大减少，从而造成大小年。咖啡植株获得必要营养元素的主要来源是土壤，因此，合理施肥是增加咖啡产量、延长咖啡树经济寿命的有效措施。

（二）咖啡施肥技术

咖啡施肥需要考虑植株年龄、长势、营养状况、品种及土壤等因素。定植后到结果前，是咖啡营养生长期，需氮肥较多，此时根系迅速生长发育，还需要磷肥，因此应重施氮肥、磷肥。进入结果期后，除了施氮肥满足生长结果外，还需施用钾肥。据分析，生产1吨咖啡豆需要氮（N）112.1千克、磷（P_2O_5）38.4千克、钾（K_2O）149.8千克，按照150千克/亩的目标产量计算，需要施用氮16.82千克/亩、磷5.76千克/亩、钾22.47千克/亩，施肥氮、磷、钾比例为3∶1∶4。按照不同生长发育阶段，幼龄树或营养生长阶段配方为N∶P_2O_5∶K_2O＝25∶5∶15，成龄树或生殖生长阶段配方为N∶P_2O_5∶K_2O＝15∶5∶25。按照150千克/亩的目标产量，以氮肥利用率30%、磷肥利用率20%、钾肥利用率40%计算，设定土壤供肥量为氮8.41千克/亩、磷2.88千克/亩、钾11.24千克/亩，每亩需要施用尿素62.29千克，钙镁磷肥78.56千克，硫酸钾56.02千克，合计约200千克。

咖啡施肥以土壤施肥为主，有灌溉条件的3月、6月、9月各施肥1次，灌溉条件稍差的6月、9月各施肥1次，并与有机肥配合施用为宜。

施肥方法：咖啡吸收根主要分布在表层土，根系水平分布与树冠基本一致。幼龄树施肥位置在树冠滴水线，结果成龄树可在株间或行间施用，可在根圈四周交替施用。沟施深度为15厘米左右，长度为50厘米左右，如果根据养分投入量自配掺混肥，需要搅拌均匀后施用，并与农家肥或有机肥配合施用，施肥后覆土。有条件的果园可以采用水肥一体化技术，肥料浓度不宜超过5%。10—11月花芽分化和采果前，可叶面喷施0.2%～0.5%磷酸二氢钾溶液及硼、锌等微量元素肥料，有利于开花和坐果。旱季如要进行施肥，需要具备灌溉条件，可以采用水肥一体化技术，也可以加入土壤保水剂，以提高肥料利用率。

此外，应根据当年结果情况适当增减肥料施用量，结果多的，要多施肥料，促进多长新枝，保证翌年的产量，缓和大小年结果现象。当土壤酸度过大时，通过施用石灰、土壤调理剂、碱性肥料和有机肥改良土壤理化性质，促进土壤生态平衡。当土壤pH小于5时，每2年施用1次生石灰100克/株，在滴水线根圈内撒施，然后浅中耕。为了改良土壤理化性质，每年可施用生物有机肥不少于500千克/亩或普通有机肥1 000千克/亩，分2次施用。

三、咖啡整形修剪技术

咖啡树的整形修剪技术主要包括单干整形和多干整形，其中生产中通常采用单干整形，摘除主干顶芽，只保留咖啡植株的一条主干。摘顶方法包括一次摘顶、二次摘顶和三次摘顶，一次摘顶是在咖啡树高至1.5～1.7米时，将顶芽摘除；二次摘顶是当咖啡树高至1～1.2米时，进行第一次顶芽摘除，待一级分枝发育充实后选留一条生长健壮的直生枝条作为延续主干，当新主干长高至80～90厘米时，进行第二次摘顶，摘顶后不再保留直生枝，保持树高1.8～2米。三次摘顶法的第一次摘顶高度一般为0.8～1米，第二次摘顶高度为1.2～1.5米，第三次摘顶高度为1.6～2米，每次摘顶后保留的延续主干应与前一次的延续主干方向相反。摘顶后15～20天应及时除去树干顶部萌发的多余直生枝芽。

咖啡树摘顶后会从骨干枝上长出大量的二级分枝，需要及时疏剪。小粒种咖啡在近树干10～15厘米以内的二级分枝应剪除，均衡保留3～5条二级分枝，每条二级分枝保留2条三级分枝即可；中粒种分枝较多，疏剪时可根据分枝部位和生长势来决定，每节保留2～4对。另外，咖啡树主干随着树龄增长，老干营养生长量逐渐减少，导致产量下降，所以在新干结果4～5年后必须更换主干，以保证咖啡产量。

四、咖啡病虫害识别与防治技术

（一）咖啡病害识别与防治技术

1. 咖啡锈病

（1）发生规律。咖啡锈病病原为咖啡驼孢锈菌、咖啡锈菌，是专性寄生真菌，在温度、降水量适宜时最易寄生。本病发生最适宜的温度为21～26℃。空气湿度是咖啡锈病流行的重要因素。

（2）为害状。叶片染病后，初期出现许多浅黄色水渍状小斑，并呈水渍状扩大。病状扩大后，叶子背面产生橙黄色粉状孢子堆，病斑周围有浅绿色晕圈。后期病斑逐渐扩大或连在一起，形成不规则的病斑。病斑晚期干枯，呈深褐色。发病严重时，整个发病叶片脱落，枝条干枯，产量受到严重影响。咖啡锈病是咖啡的主要病害，危害性最大，被害植株轻者减产，重者死亡。

（3）防治方法。①选择抗锈病能力强的优良品种种植，在引种和贮苗时要严格做好检疫工作，防止病菌蔓延。②合理施肥、科学灌溉和合理修剪，对幼苗要经常进行检查，清除病叶，增强咖啡种苗的抗病能力。③预防可采用1%～5%的波尔多液全面喷雾处理，每隔2～3周喷1次；发病初期，喷洒粉锈宁；病情严重时，用50%氧化萎锈灵1 000倍液进行喷洒。

2. 咖啡炭疽病

（1）为害状。咖啡炭疽病病原为炭疽菌属真菌，叶片初期被侵染后，上下表面均会出现不规则的淡褐色病斑，直径大约3厘米，这些病斑中心呈现灰白色，边缘呈黄色，后期则完全变成灰色，上面有许多同心圆排列的黑色小点。病害也可蔓延到果实和枝条，在青果实上会造成微小且发暗的凹陷斑点，果实表面有淡粉色孢子。果实被害后，会出现黑色的下陷病斑，同时果肉变硬，并与豆粒紧贴，导致出现大量的干果，影响咖啡的产量，同时也影响咖啡的品质。当病害扩散到枝条时，会造成枝条的干枯，影响植株的长势。

（2）防治方法。①合理施肥、科学灌溉和合理修剪，增强咖啡种苗的抗病能力。②对幼苗要经常进行检查，及时清除病叶。③在咖啡树开花后的2周，使用1%的敌菌丹或1∶3∶100波尔多液喷洒植株，连续喷洒多次。

3. 咖啡褐斑病

（1）为害状。咖啡褐斑病病原为咖啡生尾孢，此病在低温阴雨的季节比较流行。感病叶片病斑上产生孢子，在幼苗期间感染褐斑病，会导致植株弱小，生长缓慢。当咖啡叶片被感染后，叶片的正反面均会出现病斑，病斑呈圆形，病斑边缘呈现褐色，中间为灰白色，而在幼苗期间病斑是红褐色。随着病情的加重，病斑逐渐扩大，出现同心轮纹。在持续潮湿的状态下，叶片背面的病斑上出现霉状物质。然而，感染褐斑病的咖啡病叶不会自动脱落，因此，需要人工摘除。果实感病后会脱落。

（2）防治方法。①对咖啡园内的病叶进行及时清理，并将病叶收集到一起，集中进行烧毁，减少病原。②在发现咖啡感染了褐斑病后使用0.5%～1%的波尔多液对咖啡植株进行喷洒，起到防治褐斑病的效果。

4. 咖啡褐根病

（1）为害状。病原为镰刀菌属真菌，发病植株的病根呈黑褐色，有铁锈色绒毛状的菌丝，病根木材干腐、质硬而脆，面部有蜂窝状褐纹，皮木间有白色或黄色绒毛状菌丝体，根颈处有时烂成空洞，高温多雨季节还会长出菌膜和子实体，影响地上部生长，叶片变成黄绿色、暗淡。发病严重时，植株生势显著衰退，叶片逐渐凋萎，下垂变褐色，最后全株死亡。

（2）防治方法。①选择健壮无病的幼苗种植，剔除病株。②轻病株可剪除病根，伤口涂上柏油，后培土使其恢复生长。

（二）咖啡虫害识别与防治技术

1. 咖啡虎天牛

（1）为害状。咖啡虎天牛以幼虫为害2年以上的咖啡树干，开始时在形成层与木质部之间蛀食，进而蛀食木质部。为害初期外表无明显的蛀入孔，仅在被害处表皮稍隆起，被害处呈一条弯曲的隧道，道中填满木屑，对咖啡的影响很大，轻则使植株萎黄、枯枝、落果，严重时导致整株死亡，受害部位因失去机械支持作用常在风雨中被折断，有时幼虫还蛀食咖啡根部，使植株失去再生能力。

（2）防治方法。①创造适于咖啡生长的生态环境，加强管理，合理修剪，能够起到一定的防治作用。适当的荫蔽环境可有效减轻咖啡虎天牛的为害，生长健壮的咖啡树具有一定的抗虫能力。②人工捕杀成虫及幼虫，并及时将被害枝干砍除焚毁。③在2—6月成虫出孔前，凡是茎粗达1.5厘米以上的，可用杀虫剂加黄泥、牛粪和水混合成浆，涂于已木栓化的主干上，防治效果很好。

2. 咖啡黑枝小蠹虫

（1）发生规律。我国的中粒种咖啡遭此虫的为害较严重。此虫多为害1年生的分枝及嫩干，为害后几周内引起枯枝落叶。5—6月是为害高峰期，据调查，在高峰期为害率可达60%，受害枝条外表存在小孔，孔内有坑道，在同一枝条上有时可出现十多个蛀孔，虫道内卵、幼虫、成虫可同时并存，世代重叠。越冬期主要是成虫，低温期有休眠现象。

（2）防治方法。①结合修剪清除虫害枝条，清理园外防风林杂生灌木。②当成虫处于越冬期时，进行全园性枯枝清除，把所有的虫害枯枝彻底清除，集中烧毁。③在发病初期用50%杀螟松乳油500倍液或50%马拉硫磷400倍液进行1次全园性喷施。

3. 咖啡豹纹木蠹蛾

（1）发生规律。咖啡豹纹木蠹蛾一年发生1～2代，以幼虫在树干被害部越冬，翌年春季转蛀新茎。5月上旬开始化蛹，蛹期

16～30天，5月下旬羽化，成虫寿命3～6天。羽化后1～2天内交尾产卵。一般将卵产于孔口，数粒成块。卵期10～11天。5月下旬孵化，孵化后吐丝下垂，随风扩散，7月上旬至8月上旬是幼虫为害期。10月上旬幼虫化蛹越冬。幼虫为害树干和枝条，致被害处以上部位黄化枯死，或易受大风折断，严重影响植株生长和产量。

（2）防治方法。①结合咖啡树整形修剪，把受害的枝条剪除，集中烧毁。②用铁丝捅入虫道把幼虫刺死。③幼虫孵化期，喷50%杀螟松乳油1 000倍液，或喷25%园科3号300～400倍液，隔7天喷1次，连喷2～3次。

参 考 文 献

白亭玉，2015. 桂热芒82号矿质营养规律及营养诊断研究［D］. 海口：海南大学.

陈厚彬，苏钻贤，2021. 2021年全国荔枝生产形势分析［J］. 中国热带农业（2）：5-18.

陈君，沈晓君，刘立云，等，2022. 海南省槟榔产业标准体系研究［J］. 热带农业科学，42（5）：109-115.

程宁宁，2010. 金煌、红金龙芒果营养特性及肥料效应研究［D］. 海口：海南大学.

樊小林，梁有良，王孝强，2007. 香蕉营养与施肥［M］. 北京：中国农业出版社.

付登强，杨伟波，陈良秋，等，2013. 油茶林养分管理研究进展［J］. 热带农业科学，33（2）：17-21.

国家林业局，2015. 油茶栽培技术规程：LY/T 1328—2015［S］. 北京：中国标准出版社.

国家市场监督管理总局，中国国家标准化管理委员会，2013. 橡胶树叶片营养诊断技术规程：GB/T 29570—2013［S］. 北京：中国标准出版社.

何电源，1994. 中国南方土壤肥力与栽培植物施肥［M］. 北京：科学出版社.

何康，黄宗道，1987. 热带北缘橡胶树栽培［M］. 广州：广东科技出版社.

贺军虎，2015. 菠萝新品种及优质高产栽培技术［M］. 北京：中国农业科学技术出版社.

胡国珠，高伟，许怡欣，等，2018. 江西成林油茶叶片春梢末期营养诊断［J］. 南京林业大学学报（自然科学版），42（4）：193-197.

黄华孙，2020. 现代农业产业技术体系建设理论与实践-天然橡胶体系分册［M］. 北京：中国农业出版社.

黄洁，2007. 木薯丰产栽培技术［M］. 海南：三环出版社.

黄洁，张伟特，李开绵，等，1999. 木薯营养诊断及施肥研究初报［J］. 热带农业科学（5）：40-46.

康专苗，2015. "帕拉英达"芒果叶片矿质营养特性与诊断方法研究［D］. 海口：海南大学.

劳秀荣，2001. 果树施肥手册［M］. 北京：中国农业出版社.

雷靖，梁珊珊，谭启玲，等，2019. 我国柑橘氮磷钾肥用量及减施潜力［J］.

植物营养与肥料学报，25（9）：1504-1513.

李春俭，2008．高级植物营养学［M］．北京：中国农业大学出版社．

李晓天，2013．台农芒果营养特性与营养诊断指标研究［D］．海口：海南大学．

梁海波，黄洁，魏云霞，2018．木薯营养施肥研究与实践［M］．北京：中国农业科学技术出版社．

林建明，2012．红金龙杧果营养特性与诊断方法研究［D］．海口：海南大学．

刘奎，谢艺贤，2010．热带果树常见病虫害防治［M］．北京：化学工业出版社．

卢丽兰，刘蕊，肖勇，等，2021．椰子种质资源、栽培与利用研究进展［J］．热带作物学报，42（6）：1795-1803.

卢丽兰，王玉萍，尹欣幸，等，2022．海南省水果型椰子园土壤养分调查与评价［J］．中国农学通报，38（8）：72-80.

卢明，剧虹伶，洪珊，等，2017．不同菠萝品种矿质养分的积累特性及利用效率［J］．果树学报，34（9）：1152-1160.

倪康，廖万有，伊晓云，等，2019．我国茶园施肥现状与减施潜力分析［J］．植物营养与肥料学报，25（3）：421-432.

彭智平，杨少海，操君喜，等，2006．芒果叶片主要养分含量及营养诊断适宜值研究［J］．广东农业科学（6）47-49.

阮建云，马立锋，伊晓云，等，2020．茶树养分综合管理与减肥增效技术研究［J］．茶叶科学，40（1）：85-95.

沈晓君，陈君，刘蕊，等，2022．海南省椰子产业标准体系解析［J］．食品工业，43（2）：235-238.

宋付平，黄洁，陆小静，等，2009．中国木薯施肥研究进展［J］．中国农学通报，25（4）：140-144.

谭乐和，2001．胡椒施肥技术研究进展及我国胡椒施肥现状与对策［J］．土壤肥料（2）3-7.

唐树梅，2007．热带作物高产理论与实践［M］．北京：中国农业大学出版社．

王继华，商贺阳，杨少海，等，2018．我国甘蔗养分高效利用的研究进展［J］．中国糖料，40（6）：66-68，72.

王少群，向赛男，迟志广，等，2021．火龙果养分管理现状问题分析及对策［J］．农业与技术，41（1）：80-84.

王艺蓉，2016．四川攀枝花凯特芒果营养诊断技术研究［D］．海口：海南大学．

魏守兴，陈业渊，2008．香蕉周年生产技术［M］．北京：中国农业出版社．

吴连松，郭志雄，2009. 我国龙眼营养与施肥研究的回顾 [J]. 江西农业学报，21（6）：81–83.

武伟松，梁珊珊，谭启玲，等，2021. 柑橘营养特性与"以果定肥" [J]. 华中农业大学学报，40（1）：12–21.

奚振邦，2003. 现代化学肥料学 [M]. 北京：中国农业出版社.

杨业新，沈兵，陈步宁，2012. 农化服务指导手册 [M]. 北京：中国农业出版社.

易芬远，赖开平，叶一强，等，2014. 甘蔗的营养生理与肥料施用研究现况 [J]. 化工技术与开发，43（2）：25–28，31.

臧小平，徐雪荣，2002. 番木瓜的营养与施肥 [J]. 中国南方果树（1）：34–35.

张宝棣，2001. 果树病虫害原色图谱（第一册）[M]. 广州：广东科技出版社.

张华昌，2019. 海南胡椒叶片营养诊断指导施肥试验研究 [J]. 热带农业科技，42（1）：35–39.

张少若，林电，张怡，等，1993. 咖啡的营养特性与营养诊断方法的研究 [J]. 热带作物研究（3）：36–44.

张少若，招康赛，杜海群，等，1990. 槟榔营养特性与营养诊断方法的研究 [J]. 热带作物学报（1）：69–80.

中华人民共和国农业部，2002. 无公害食品 龙眼生产技术规程：NY/T 5176—2002 [S]. 北京：中国标准出版社.

中华人民共和国农业部，2011. 无公害食品 荔枝生产技术规程：NY/T 5174—2002 [S]. 北京：中国标准出版社.

中华人民共和国农业部，2014. 胡椒栽培技术规程：NY/T 969—2013 [S]. 北京：中国农业出版社.

中华人民共和国农业部，2015. 茶叶生产技术规程：NY/T 5018—2015 [S]. 北京：中国农业出版社.

中华人民共和国农业部，2017. 橡胶树栽培技术规程：NY/T 221—2016 [S]. 北京：中国农业出版社.

中华人民共和国农业农村部，2021. 芒果栽培技术规程：NY/T 880—2020 [S]. 北京：中国农业出版社.

朱亚艳，姚渊，李芳，等，2021. 贵州油茶开花结实期的叶片营养诊断 [J]. 贵州农业科学，49（10）：8–13.

朱永聪，王伟，周昌敏，等，2021. 华南龙眼叶片营养诊断指标的建立 [J]. 热带作物学报，42（2）：393–404.